中文翻译版

机器人不仅仅是机械

博弈空间中的文化与人机交互

Culture and Human-Robot Interaction in Militarized Spaces

〔美〕朱莉·卡彭特（Julie Carpenter） 著

左振宇 主审

李长芹 姚 鹏 秦 伟 主译

科 学 出 版 社

北 京

图字：01-2018-9078 号

内 容 简 介

本书基于排爆人员和所使用机器人的互动开展探索性研究，通过提问、记录排爆人员讲述的故事来分析排爆中人–机器人交互的人类用户视角和体验，探讨影响或限制人–机器人互动的活动、过程和环境等因素，以及人–机器人交互中的情感因素如何影响博弈情境下操作人员的决策，从而影响任务结果。

本书可供军事作业医学领域、机器人设计制造行业研究者及对其感兴趣的人员阅读参考。

图书在版编目（CIP）数据

机器人不仅仅是机械：博弈空间中的文化与人机交互 /（美）朱莉·卡彭特（Julie Carpenter）著；李长芹，姚鹏，秦伟主译. —北京：科学出版社，2023.5
书名原文：Culture and Human-Robot Interaction in Militarized Spaces
ISBN 978-7-03-075300-7

Ⅰ. ①机…　Ⅱ. ①朱…　②李…　③姚…　④秦…　Ⅲ. ①机器人–程序设计　Ⅳ. ①TP242

中国国家版本馆 CIP 数据核字（2023）第 050769 号

责任编辑：马晓伟 / 责任校对：张小霞
责任印制：肖　兴 / 封面设计：龙　岩

科 学 出 版 社 出版
北京东黄城根北街 16 号
邮政编码：100717
http://www.sciencep.com
天津市新科印刷有限公司　印刷
科学出版社发行　各地新华书店经销
*

2023 年 5 月第 一 版　开本：720×1000　1/16
2023 年 5 月第一次印刷　印张：12 1/2
字数：180 000
定价：**98.00 元**
（如有印装质量问题，我社负责调换）

翻 译 人 员

主　审　左振宇

主　译　李长芹　姚　鹏　秦　伟

译　者　（按姓氏笔画排序）

　　　　孙晓丽　李长芹　李顺飞

　　　　胡啸远　姚　鹏　秦　伟

谨将此书献给我的姑祖母阿尔玛·迈耶（Alma P. Mayer）以及我的好朋友克利福德·纳斯（Clifford I. Nass）博士，是他们教会我倾听。

在上一场战争中，巡逻任务极其危险。但是，一个装有电影摄影机和录音机的飞行机器人可以飞行到敌方上空盘旋，能够带回更为精确的侦察结果而不会造成人员伤亡。对人类士兵而言当心脏、肝脏中弹，或者身体被炮弹炸成碎片时，就意味着末日的到来。机器人则完全不会，我们可以为其更换新的心脏，就像换轮胎一样容易。

　　——《圣安东尼奥之光报》（*San Antonio Light*，1935）

作 者 简 介

朱莉·卡彭特（Julie Carpenter）最初主要从事用户体验测试、人-机器交互及网络应用程序的研发，之后她的兴趣转向人-机器人交互。对人类如何与技术互动的好奇，促使她获得了伦斯勒理工学院的技术通信硕士学位、华盛顿大学技术通信项目的第二个硕士学位，以及华盛顿大学的学习（认知）科学博士学位。她的主要研究兴趣是人-机器人交互，具体来说就是人类对机器人的情感和依恋，尤其是野外应用中（例如空间探索、国防和人道主义救援工作）。她发表了一系列同行评议文章，主题包括类人机器人设计的修辞表述、（美国）排爆人员与野战机器人的互动、以人为中心的机器人技术研究，以及其他新技术等。目前，她是加州州立理工大学伦理学与新兴科学研究小组的研究员。

业余时间，卡彭特博士喜欢旅行、园艺、烘焙、读书，还饲养了多种宠物。她住在太平洋西北地区，把这一美丽的地方当作自己的家。

序

我们正处在机器人时代的黎明之际。

当然，我们成功使用机器人已经有几十年了。机器人太空船绘制了地球地图，帮助预测风暴，探测其他行星，并成功地降落在小行星上。这是机器人发展中最容易的部分，因为这些机器人不需要与我们人类互动。它们在数百或数千英里之外，我们看不见它们，它们是抽象的。但现在，它们开始和我们一起工作，就在现实世界之中。

这些机器人不是很聪明，也不是很有能力，苹果 II 型微机在 1977 年刚刚推出时也并不强大，只有 1 M 的处理器，4 KB 的内存，一个盒式磁带接口，零售价却高达 1298 美元。苹果 iPhone 6S 手机刚上市时售价仅为 849 美元，却拥有 1.8G 的处理器和 128G 的内存，我们最大的抱怨是它插在紧身牛仔裤后兜里可能会弯曲变形。如今的机器人就正处于苹果 II 型电脑的水平，也许还要更高一点儿。

地面机器人将会以同样的速度发展，甚至可能更快。人工智能、紧凑高效电池和移动技术的结合比我们想象的要快。埃隆·马斯克（Elon Musk）和斯蒂芬·霍金（Stephen Hawking）博士等知名人士宣称，如果我们对人类与技术发展相互作用的研究落后于技术可能达到的指数级进展，人工智能技术可能会终结人类。也许他们是对的。但历史表明，只要我们予以关注，我们就可以把事情做对。

朱莉·卡彭特（Julie Carpenter）撰写的这本书将帮助我们去做正确的事。

军队在将发展中的技术应用于普遍接受的战术方面通常进展缓慢，而且常常自食其果。乔治·卡斯特（George Custer）中校在小巨角（Little Big Horn）营地驻扎时没有携带手头的加特林机关枪，如果当时他带去了的话，可能他的部队就不会在拉科塔、北夏延和阿拉帕霍印第安部落士兵的联合攻击下全军覆没。尽管英国人发明了坦克，但当时世界上大部分骑兵仍然骑在马背上作战，直到德国人成功地将坦克应用到闪电战中，并于 20 世纪 30 年代末和 40 年代初使欧洲大部分地区屈膝投降。无法适应新技术的最危险例子，也许是核武器在 1945 年的发展与部署。多年来，五角大楼一直将核武器视为可以纳入战术行动的另一种大炸弹，尽管它可能会导致改变人类命运的后果。我父亲还记得，他驾驶的 F-105 战斗机在 20 世纪 50 年代末装备了空对空核导弹；当时的想法是在苏联轰炸机编队的飞行航路上引爆核弹头。这一战术有许多缺点，其中之一是核爆产生的电磁脉冲（EMP）也会摧毁我父亲驾驶的飞机。直到 20 世纪 70 年代初，世界上的核大国才开始将核武器视为应该拥有的武器，而不是应该使用的武器——现在它们主要作为战略威慑力量。正如使用核武器的经验教训一样，特别是由于机器人技术的快速发展，军队发展使用机器人的政策变得日益重要。机器人不仅会改变我们的作战方式，还会改变作战的主体。

作为一名美国陆军军官，我的职责是为美国公民确保国家安全。当国会和总统决定发动战争、类似战争的暴力行动或非战争行动时，我的任务是与陆军及其他兄弟军种的战友们一起，发现如何在成功结束敌方行动的同时，努力实现民选和任命的文职领导人提出的国家安全目标。这一使命意味着，我们实现这些目标时要将美国公民和非战斗人员的生命损失降到最低。目前，虽然机器人还不能取代人类士兵，但它们已经可以开始承担战争中最危险和最致命的任务。

卡彭特博士花费大量时间采访了排爆（EOD）部门人员，该部门当前是地面机器人最大的军方用户。卡彭特试图确定排爆人员在战斗和非战斗环境中如何与机器人互动，并预测随着地面机器人在结构上变得越来越类人化，这些相互作用可能会发生怎样的变化，才能使地面机器人在更多种多样的地形上行动，到达士兵所能到达的任何地方，并且可以像士兵一样使用相同的工具。

通过开展这一问题的社会科学研究，学术界和科学界有望与人工智能和机器人技术指数级发展的相关人类因素保持同步。卡彭特博士的个人观察和研究结果对未来人类与机器人士兵的融合将产生重大影响，因为自主和半自主机器人在承担美军枯燥、肮脏和危险任务中发挥更大作用的趋势很可能是不可逆转的。请好好享受这本书吧！

迈克尔·科尔布（Michael Kolb）

中校，博士

美国国防部国家地理空间情报局

华盛顿特区

前　言

　　未来战争，在许多方面，是努力锻造与机器人成功合作文化体现的新细节，包括建造、设计和使用机器人进行防御；将机器人纳入为部队训练的重要组成部分；对技术、战术和程序进行实践修订；协商并遵守地方、联邦和国际实体制定的不断变化的法律和伦理标准；准备并响应非政府组织提出的获得广泛支持的政策；对使用机器人的行动特别是战斗进行严格审查；从经济学上考虑大规模采购不断发展的技术；单独或联合制订如何在战场上和战场外与机器人互动的新标准、规范、习俗及预期；将机器人技术与医学救援相结合；开发新的心理创伤模型，将机器人与个人体验紧密结合。人类、机器人和战争的变数互相交织，未来的发展路径可能产生无尽转折。

　　试图了解新技术工具在国防领域中的作用，是一个令人生畏的想法。总的来说，在本书中我选择把机器人称为工具。当我第一次开始探索机器人的军事用途时，无论是在脑海中还是向外界大声宣布时，我都不愿把机器人归类为除机器人以外的任何东西。对我来说，机器人太强大了，它们在这个世界上的角色变化太快了，不适合任何已经存在的类别。在与每天同机器人一起工作的人们交谈之前，我也有意识地试图消除自己对机器人国防作用的先入为主的想法。对这一主题的研究表明，人们倾向于根据他们感受到的或机器人表现出的主要角色来对其进行分类，例如助手、工具、队友、同伴或仆人。然而，在为撰写本书进行研究时，我沉浸在与每天都使用机器人的军人的交谈中，"工具"是他们提到机器人时最主要的用语；因此，它也成为了我的用语，至少是在现在这一场景中。

所有的研究都会受到选择研究主题和提出问题者个人观点偏见的影响，尽管我们试图将自己从最终报告结果中剔除，就好像它们是从一个与外界及其影响相隔绝的实验室中自发产生的一样。然而，调查方法、数据分析模式、研究结果如何呈现，都是我们作为研究者所做的一系列选择的一部分。选择的原因有很多，既有实际原因，也有个人原因。我们在报告调查结果时采用第三人称，直截了当，没有任何文学修饰，这进一步使行文干净整洁，不受任何外界影响。

同行评议程序是研究人员认定其研究结果相对真实性的一种方式。作为研究者，我们在整个研究过程中都会仔细注意我们的方法，由其他人使用相同数据交叉检验研究结果，并在研究过程的每个步骤中遵守严格的、同行认可的研究方案框架。虽然我们天生就有看待问题和答案的不同的特殊方式，我们也努力尝试保持研究过程的透明，这样其他人就可以在现有工作基础上重复发现结果来加以证实或反驳。在学术界和科学界，这类约定一般都发挥了应有的作用，并提供了理论、方法、分析和报告框架，以最真实的方式或至少以我们所能做到的最真实的方式，展示我们所看到或听到的事物。

研究人员作为个体及更大社会系统的一部分，通过自身和科学共同体经验中的制衡体系，不断协商谈判来接近科学真理。这也是科学家们被训练以如此挑剔的眼光看待彼此工作的原因之一。如果他选择了另一种研究方法呢？如果下一项研究对研究参与者采用不同的标准呢？如果一开始他提出了不同的研究问题呢？如果研究开始时根本没有把所要研究的问题放在首位，而是在数据中寻找模式，以便了解将来哪些问题可能更有意义呢？在关于这一主题的下一轮研究中，应该或可以解决哪些问题呢？归根结底，这将永远取决于研究者对真理的看法。尽管如此，我们如此严苛地试图避免这种研究偏见，避免使这项工作失去效用或变得徒劳；这意味着，我们作为研究者，有责任不断审视自己之外的工作、比较不同版本的事实真相，直到我们能够系统整合不断发展的信仰体系。换句话说，我认为我们必须不断地向自己提出问题，同时向周围的人提出问题。

为撰写本书，我采访的所有军人都向我讲述了他们的故事。谈论战争总是很困难的。即使是那些似乎与战争行动缺乏直接关系，或是战争转变影响挥之不去的话题，如战争对某些人的日常影响，也会引起强烈的反应。因此，我认为，在我请求这么多人分享他们的非凡经历之后，唯一公平的是我也分享一部分我自己的故事。也许转变是公平的。我也恰巧相信，一个人选择分享的东西揭示了他们看待事物的方式，至少在那个时刻、空间或时间里是如此。

我母亲是第一代德裔美国人，她的父辈中很多人是纳粹大屠杀的幸存者和受害者。我父系亲属中的许多人出自犹太人家庭，他们逃离了沙俄的大屠杀行动，在东欧四处流浪以寻找一个安全的地方定居，直到19世纪末移民到美国。基于这段历史，我从小就和饱受战争影响的人生活在一起，这让我充满了疑问。当我还是个孩子的时候，我从祖父母、姑祖母和叔祖父那里亲耳聆听了我的家族史，牢牢记住了成功移民到美国后幸存者的名字，以及他们是如何建立新生活的。我还聆听了那些罹难者家庭的故事。有些人在集中营中被杀害，有些人在被迫流浪中死亡，有些人未能在残酷的贫民窟中幸存下来，其中一些家庭成员的黑白照片或老化的棕褐色照片挂在祖父母家的墙上，静静地俯视着我。我多年以来一直看着他们的脸，试图想象他们是什么样子，他们在日常生活中经历了什么。然而，这些灵魂并不像起初看到时那样在我生命中产生不好的影响。事实上，我认为所有这些人都是一个亲密的大家族，他们通过鲜活生动的家族口述历史把他们的知识和能量传递给了我。

即使如此，我也知道包括我的祖父母、姑祖母和叔祖父在内的那一代人在向我复述悲伤的故事时，往往略去了许多细节，因为他们无法在回忆那些痛苦经历时避免汹涌澎湃的情绪。我相信他们也希望保护他们的孙女或侄孙女，免受他们曾经历过的残酷遭遇。

有时，我会从其他亲戚那里听到更多的悲伤故事，或者我自己从残存的家族文物中翻出一些资料，然后要求我的父母填补其中的信息空白，并把所有这些细节最终拼接在一起。当几个人在一起讲述过去的事情时，有时其他亲戚也会加入，提出一些细节和纠正意见。此外，当每一个故事都相互交织在一起时，我的家族为我创造了一部丰富的生命史，尽管我经常不得不在大脑中对各章节进行重新组合，这样我才能理清楚这些复杂、混乱的故事，在脑海中形成一条可以追随的时间线。通过讲故事、收集老照片和家族文件，我幸运地拥有了个人史的观念，了解了一些我从未见过的家族成员。我知道我出生于由牛贩子、农民、面包师、屠夫、亚麻清洁工、木匠、学者、拉比（犹太教神职人员）组成的家庭，母亲、父亲、妻子、丈夫、女儿、儿子，每个幸存者都有自己的故事。

当然，即使在我还是个孩子的时候，这种情况也给我提出了一些非常严肃的问题。为什么会有人想伤害我的家人？我们是坏人吗？伤害我们的人是坏人吗？是什么把我们和他们分隔开并形成这样一道鸿沟，将我们作为需要系统发现并消灭的目标？是什么使一些人认为其他人不算人类，或者可以用不人道的方式对待？是什么定义了人和人性？当我还是个孩子的时候，我就开始思考这些庞大的概念，我知道我，很不幸，并不是唯一一个出生于饱受战争蹂躏的家庭并拥有着相似想法的人。

在我看来，我能从我的个人背景中得到的好处是，它使我对他人及其故事有着浓厚的兴趣。这段经历使得我深深被个人讲述的故事、情感及其对人们日常生活的影响所吸引。聆听别人透露的他的生活片段是一种特殊待遇，我从来不会轻视。

从排爆（EOD）人员那里，我了解到，无论是作为职业道路还是在非常个人化的层面上，他们的工作性质在许多方面都是军事专业中独一无二的。即使在他们的初级训练阶段，就包括了所有武装部队成员在埃格林空军基地参加的训练项目，他们从第一次接触 EOD 工作就开始分享共同经验。

随着军队内部 EOD 训练和工作性质不断变化，以及简易爆炸装置（IED）情况的激增，EOD 团队工作的许多方面都在发生改变，其中包括团队规模、人员年龄，以及对机器人等技术的日益依赖。EOD 人员使用的最为关键的标准工具之一是半自动遥控机器人，它能够帮助实施安全程序（RSP），帮助消除或缓解爆炸物威胁。因此，如果忽视了人-机器人交互问题，其中的未确定问题将对人员生命和任务结果构成持续危险。

直到本书研究开展之时，尚没有人采用归纳方法来研究 EOD 人员与日常使用机器人模型交互和经验的动力学，以及与这些交互相关的情感问题，包括人-机器人交互中的情感如何影响操作人员的决策，从而影响任务结果。我不会轻视开展跨学科机器人研究的主张，因为我坚信这是必要的。对于该方程式中的人来说，EOD 工作只是每天与机器人互动如何改变生活的一个典型实例。

人们普遍认为，在人际关系中，依恋过程及其相关的联系、凝聚力和信任概念会影响我们的行动意愿和行为。我相信，如果发现这些人类因素中哪些能够影响人-机器人动力学特性，将有助于深入了解如何利用机器人设计元素或使用场景方法，诱发操作人员产生积极和消极的反应。此外，为了使人-机器人团队更加有效，我认为需要深入研究单个团队成员所属的整体系统，以及这些因素如何最终在微观层面上塑造和影响人机交互。为了达到预期效果，即成功完成任务，保障 EOD 人员与平民安全，EOD 人-机器人交互需要尽可能流畅，这样人类和机器人才能有效地克服障碍。

在考虑研究方法时，我相信社会系统交互的整体画面将提供有用的基础知识，可以推动确定影响人-机器人体验的因素。有了这些知识，再加上其他研究所揭示的细节，我们就可以改善人–机器人训练，推进机器人的设计，并发展出对人类和机器人之间任务交互的有效支持。因此，为了对密切合作场景（如 EOD）下机器人设计和使用的任何相关讨论有一个基本的了解，我在初步研究中深入探讨了 EOD 中人–机器人交互中的人类用户体验。为了实现这些目标，我在研究中考察了环境、期望、态度和情感，这些都是人类与机器人关系的重要组成部分。

我更喜欢用人种学的方法对新领域开展初步探索，把现象描述为一种解释形式，一个逐渐清晰并发现我们接下来可能会问什么问题的起点。人类对机器的细微行为差别并不容易分类或预测，不幸的是，也没有留下一幅完整的地图或一系列"如果……那么……"语句供我们遵循。我的朋友和同事艾玛·罗斯（Emma Rose）博士喜欢将这种以人为中心的设计研究称为"黏糊糊的"（squishy），因为其具有抽象性开端。总的来说，它一直是人类天性中最为黏糊糊的东西，我发现最为有趣的是它和人类与技术交互的关系。在关于主观经验的正式研究中，就像我现在这项研究，必须严格调查人们的思想和想法，这些内在精神过程虽然并不容易产生可观察的数据，但毫无疑问是客观存在的。因此，我们的第一个目标是通过提问、记录讲述的故事来发现个人的想法和经历，即这些黏糊糊的东西。然后，我们在这些记录中发现内在的模式，希望它们能够导致更具体或更可行的步骤。用丰富的描述来代替与现象有关的、已经发生的和正在发生的事情，可以使我们更好地了解接下来要提出的问题，这是我们可以继续前进的基础。基于这一前提，本书分为三个部分：讲述故事（第一部分）、隐喻（第二部分）和模式（第三部分）。各章节是讨论其宏大影响的框架，重点是人类视角和体验。

诸多对我个人情感的影响已经相互融合在一起，并指引我对人类交流、技术、文化和历史等有关事物产生浓厚兴趣。因此，我想对那些影响了我所选择的道路并给予大力支持的人，表示深深的感谢。

我首先感谢华盛顿大学的老师、朋友和同事们，他们是：约翰·布兰斯福德（John D. Bransford）、莱斯利·赫伦科尔（Leslie R. Herrenkohl）和斯蒂芬·克尔（Stephen T. Kerr）。对于我的兴趣和努力，亚历山德拉·巴特尔（Alexandra L. Bartell）和琼·戴维斯（Joan M. Davis）一直是我最亲密的朋友和不知疲倦的"啦啦队队长"。多年来，斯坦福大学的克利福德·纳斯（Clifford I. Nass）对我关怀有加，我将永远铭记他的慷慨精神和谆谆教诲。

杰伊·加里奥特（Jai C. Galliott）作为阿什盖特出版社（Ashgate Publishing）的一名编辑向我伸出援手，帮助本书迈出了第一步，我深表感激。布伦达·夏普（Brenda Sharp）和菲利普·斯特鲁普斯（Philip Stirups）热情而耐心地回答了我关于出版流程的许多问题，我非常感谢他们的指导。安德鲁·特德洛（Andrew Tedlow）在我撰写本书的漫长过程中始终热心地提供支持。帕特里克·林（Patrick Lin）在我写作时认真倾听了我的恐惧，尽管（或者因为）他坚持认为英国摇滚歌手彼得·加布里埃尔（Peter Gabriel）的歌词是一切问题的答案，我仍然深深感谢他。在撰写本书时，杰夫·温塔尔（Jeff Vintar）始终和我在一起，在一系列科学幻想、研究、写作和现实世界中，感觉他就像我生命中自然的一部分。谢谢你，神奇的温塔尔，谢谢你的魔力。

当然，我还要感谢我的家人讲故事的传统，感谢我母亲的鼓励。尤其是，撰写这本书让我想起了我的姑祖母阿尔玛（Alma）。在我和弟弟小的时候，她以温柔的语调让其他大人保持安静，这样她就可以"倾听"我们的玩耍。阿尔玛总是让我觉得她听到的比我说的更多，这是最好的理解方式。

在数据收集阶段，甚至在我的论文发表之后，仍有许多人主动与我分享他们的相关经验，无论他们是否正式参与了我的研究。我想对他们说，我非常感谢他们付出的宝贵时间和对我的信任。最后，我觉得任何言语都无法表达我的感谢：如果没有和我分享故事的那些人，我的工作根本不可能完成，我衷心感谢他们把自己的想法和感受用语言表达出来。

　　在军事空间中，人–机器人交互的复杂社会系统非常庞大，本书试图在国防领域独特的空间和环境中，将人类与技术关系的不同方面联系起来。本书各章节并不打算对各种可能性进行详尽的考察，而是提供一种探索系统各部分如何发挥作用的手段。我希望读者阅读本书，是为了提出新的问题，而不是为了确定前进道路。

朱莉·卡彭特（Julie Carpenter）

俄勒冈州波特兰

2016 年 1 月

目　　录

第一部分　讲 述 故 事

第二部分　隐　　喻

第三部分　模　　式

第一部分

讲 述 故 事

世界对机器人的期待由来已久。

从我们整个人类历史中已经讲述的故事，以及未来将继续讲述的故事来看，每一种文化都曾经想象过我们如何与不同形式的人造生命互动。虚构故事可以令人信服地描绘生动的画面，并以强有力的方式推动思想，特别是引入一套复杂的概念，例如我们如何与机器人互动。无论是关于幻想生物、外星人，还是吸血鬼或机器人的故事，全世界的人们都喜欢猜测人类与其他生命之间的关系如何发生、为什么发生、何时发生，以及所有相关的陷阱、冒险、期望和问题。

无论好坏，没有人类同胞的影响，我们就无法在生活中前进。人们如何认识和解释真实物体和事件，是个人不断了解周围环境的结果。然而，个人经历包括与他人的互动。人们学习赋予物体价值和意义的方式，不是在个人身上单独发展出来的，而是通过与其他人的协作而发展的。个体成年后，一些社会团体每天都会对其产生不同程度的影响，包括家庭、朋友、工作场所、专业组织及同事。个体对这些影响加以吸收或拒绝的方式有时是一种有意识的行动，需要目的性学习和适应性思维过程来接受新的见解。也许更常见的情况是，人们开始接受某些日常习俗，而对其如何形成一套特定的信仰、价值观甚至对他人的期望，没有进行过多的分析性思考。

历史上人们谈论战争和战争工具等话题的方式非常值得重视，因为这类故事非常强大。从个人的角度来说，讲述的故事可以是真实的，是对事件的复述。其他故事则来自第一人称经验之外，也可能来自另一个人对同一事件的看法。当然，某些引起共鸣的故事被认为是完全虚构的，是以有趣的方式分享事件。故事实际上是一种展现讲故事者的经历或思考方式，并将讲故事者的信息传递给听众的方法。改变一个人或多个人想法的过

程可以首先从感人的故事开始，这是一类激发想象力并融入人类
情感的故事。当然，历史本身就是一种集体讲述故事的方式，分
享传递关于过去事件的某一版本故事。通过系统性、批判性地回
顾历史、故事、叙述、轶事和叙事，有可能对人们在特定环境和
情况下的期望、目标、行动和行为获得深刻见解。

　　因此，本书首先从国防和机器人技术文化研究的重要性框
架开始讲述故事。然后，为了掌握国防机器人技术的现状，本
书概述了最近美国军事研究与实验机器人技术的历史关系。追
踪这一战争领域进展的方法之一是考察军事机器人系统的发明
及应用。工具及机器人这类工具的创造和使用，可以在全球范
围内显著改变人们对战争的看法，从而推动关于政策、法律、
训练、平民伤亡、人员角色变化的持续讨论。在机器人参与战
争的情况下，这些全球性讨论往往集中在如何以及何时使用机
器人这一难题上。尽管随着机器人的使用越来越日常化，并且在
各个军事层面上都与人类团队融为一体，相关确切问题还会不断
变化，但由于机器人给战争行为带来的巨大变化和波浪式影响，
我们将（并且应该）继续开展批判性思考。

第一章
经 验 教 训

一、文化战争

　　文化是围绕人类意义的决定性特征。文化是一套复杂的思想和行为，是一系列通过社会学习传播的现象。在一般意义上，文化具有用符号对经历、体验进行分类和描绘，以及进行想象的能力。尽管这些文化过程和实践并非人类独有，其他一些物种也展示出某些方面的社会学习，但人类在许多方面依赖文化来构建价值观、信仰和对世界的期望，并影响个人和集体行为。

　　文化表现为通过特定群体社会互动传播的集体知识所产生的复杂实践关系，以及赋予这些活动意义和价值的符号建构。传统、法律、习俗、社会行为标准和宗教信仰都是文化组成的典型例子。文化的物理表达，如技术或艺术，可以被认为是物质文化的一部分，是负载其设计、制造和使用个人与群体线索的人工制品。社会组织的原则可能不那么具体清晰，但仍然是文化理念的关键组成部分。哲学、文学、神话、科学和艺术都是一个社会或群体的文化遗产的组成部分。

　　人类具有对经验进行符号化分类、区分、编码和解码的能力，并能够对这些编码的经验进行社会交流，这是文化的重要部分。在社会学中，文化被进一步定义为思考、行为，以及物质对象（有时是指人工制品）相互结合，从而塑造人们生活的方式。根据这些概念，人工制品是基于它们的设计、效能、使用材料、工程、生产、共享和使用进行的选择，被认为是有意义的文化研究对象。

由于机器人融入日常生活的速度越来越快，在对人机交互进行文化探索的阶段，人们越来越需要探究"机器性"（robotness）机器人的概念及"这对人类意味着什么"这一问题。研究文化并在理解人类和人性的基础上向前推进，也有助于定义机器性，或者应用于"超越机器的机器人意味着什么"的类似描述。新技术的发展是通过改变社会动力学、创造新的文化模式来影响复杂社会变革的重要因素。这些社会变革常常伴随着思想意识改变及其他类型的文化变迁。例如，文化运动涉及新的实践，导致群体之间关系的转变，并影响社会和经济结构。

不同社会之间的接触也会对文化产生影响，推动或抑制文化实践的变化。例如，资源竞争和战争能够影响技术发展和大大小小的社会互动。思想在不同文化之间传递和共享，文化产物也可以被共享，尽管当这些产物被新的群体所接受和融合时，附加在这些事物上的意义有时会发生变化，甚至被彻底改造。

二、现代美国军用类人机器人的发展

第二次世界大战之后，各国为了以最快发展路线发现和引进最有效的技术而展开全球竞争，发明了诸如间谍卫星、便携式单兵导弹及其他现代作战行动中仍在使用的各种武器装备等。机器人作为一种充满未来色彩但完全可行的技术，战争应用潜力巨大，各国普遍为其研究发展进行资助。然而，直到机器人所用不同技术系统的发展和生产真正取得了进展，相关研究才以此为基础真正得以向前推进。

虽然"机器人"（robot）一词有很多不同解释，但在本书中，其指的是形象化的机械系统，它在环境或社会空间中工作，并能与物理世界中的人类互动。具有类人生理或行为特征的机器人通常被称为类人、人形或仿真机器人。这些术语可能会让人联想到高度拟人化的机器人，但实际上许多具有类人特征的机器人都可以划分到这些类别中。

在 1983 年到 1988 年间，美国太空与海军作战系统司令部（SSC）开发了一种类人机器人"格林曼"（Greenman）（Chatfield，1995）。格林曼具有爪状机械手，可通过遥控远程操作。即使缺乏力量或触觉反馈，用户经简单培训后即可以操纵格林曼执行任务。然而，该机器人设计也证明了灵巧手部、力量反馈、水下能力及高分辨率视觉系统可帮助潜水员，具有重要的实用价值（Chatfield，1995）。美军早期一个更广为人知的类人机器人研究项目制造了一台名为"曼尼"（Manny）的类人机器人（图 1.1）（Yost，1989），曼尼拥有人工呼吸系统，但没有自主性或智能性。曼尼是爱达荷州国家实验室（Idaho National Laboratory）为美国陆军达格威试验场（Dugway Proving Ground）研制的（Fisher，1988），用于测试模拟有害条件下的人体防护服。曼尼身高 5 英尺 11 英寸（约 180cm）、体重 187 磅（约 85kg），铝质人形外观，表面覆有透明塑料，皮肤外骨骼的温度为 98.6 华氏度（37℃）。通过电脑操作，曼尼的 38 个关节使它能够以每小时 3 英里（约 4.8km）的速度行走，还可以坐下、蹲伏、挥手和爬行（Associated Press，1989）。

曼尼在芝加哥科学与工业博物馆（Chicago Museum of Science and Industry）进行了为期 6 周的展览，它在 10 分钟的例行展示中表演了一系列重复性动作，包括抛踢球、行走、蹲下、鸭行，摆出奥古斯特·罗丹（Auguste Rodin）的"思想者"姿势并用尖锐的机器人声音解释这一动作（McEntee，1989）。在同一篇新闻报道中，一位项目经理解释了曼尼的人性化现实设计，目的是在功能上"必须确保人体运动的压力，尤其是连接处的压力不会对防护材料产生影响"（McEntee，1989）。

最近，美国国防高级研究计划局

图 1.1 机器人曼尼

图片来源：美国太平洋西北国家实验室/巴特尔荣誉学会，日期不详

（DARPA）的"自主机器人操作"（ARM）项目一直在致力于开发自主机器人软件和硬件，使其能够使用人类工具，以及通过类人机器人手臂、手腕和手执行与人体类似的灵活手动接触任务。

目前公开的新版 ARM 机器人平台在其物理形状上具有完整人形，包括头部、面部（立体摄像头充当"眼睛"）、云台式颈部、两个手臂、手（带有力–扭矩触觉传感器）和移动底座上的躯干（DARPA，日期不详）。ARM 项目的前项目经理罗伯特·曼德尔鲍姆（Robert Mandelbaum）应邀介绍了正在开发的 ARM 硬件和软件能够完成的任务，他特别提到了消除简易爆炸装置（IED）的具体实例（Guizzo，2010），指出 EOD 工作将是 ARM 机器人的重要应用领域。

2010 年，维克纳技术公司（Vecna Technologies）为美国陆军开发了战场搬运辅助机器人（Battlefield Extraction-Assist Robot，BEAR）（Gilbert et al.，2010；Silverstein，2010）。BEAR 是身高 6 英尺 5 英寸（约 196cm）的类人机器人原型，可以举起 500 磅（约 227kg）的重物，搬运补给物资或受伤士兵，目前正在研究其他军事应用前景。

波士顿动力公司（Boston Dynamics）还开发了一种人体防护系统测试模型"佩特曼"（PETMAN）（图 1.2），这是一种两足人形机器人，用于测试美国军方的防化服（Shaker，2011）。

根据波士顿动力公司工程副总裁罗伯特·普莱特（Robert Playter）的说法，佩特曼的最终型号将具有"人类标准体形和大小"（Edwards，2010）。DARPA 还委托波士顿动力公司开发了"阿特拉斯"（Atlas）机器人，该机器人设计有躯干、双腿和双臂（C. Brown，2011；Edwards，2010；Shaker，2011）。"阿特拉斯"机器人有着令人印象深刻的精细身体功能，可以用双足的脚跟到脚趾行走动作直立行走，可以侧向移动穿过狭窄通道，也可以向前跳跃或摆动以跨越间隙和抓住扶手。

图 1.2 机器人佩特曼

资料来源：波士顿动力公司，2013

波士顿动力公司表示，佩特曼的设计目的是测试防护装置，其类人外形允许机器人重复运动来测试材料问题。机器人也能像人类一样出汗并产生体温，可以帮助确定人类是否能承受高温和其他相关生理应激压力。

美国海军人工智能应用研究中心（NCRAI）正在研制一种两足、两臂的机器人，称为舰载自动消防机器人"萨菲尔"（SAFFiR）（图 1.3），以协助水兵在舰艇上开展损害控制与检查行动。萨菲尔的设计目的是可在舰艇上自动移动，与人自然交流并消防灭火。换句话说，它将承担许多通常由人类执行的危险消防任务（McKinney，2012）。根据 NCRAI 发布的新闻稿，该计划旨在让萨菲尔能够具有高级推理能力，并实现自主决策和移动，使得机器人成为"团队成员"（McKinney，2012）。自然交互、多模态界面、跟踪人

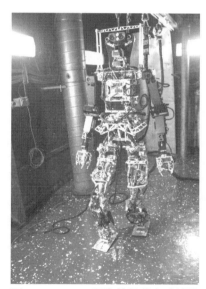

图 1.3 NCRAI 研发的舰载自动消防机器人"萨菲尔"，在位于亚拉巴马州莫比尔的海军研究实验室"沙德韦尔号"退役军舰上进行测试

资料来源：约翰·威廉姆斯（John F.Williams）/美国海军，2014

类团队成员的焦点和注意力的能力，都将使萨菲尔成为军事环境中非常类似人类的机器人。美国海军进一步宣称，"就像脚踏实地的真正水兵一样，这种机器人也能朝各个方向行走，在海上航行条件下保持平衡并穿越障碍物"（McKinney，2012）。

图 1.4　在美国海军研究实验室的人–机交互研究中，科学家使用移动、灵巧、社交（MDS）机器人，如奥克塔维亚，并开发了认知机器人系统
资料来源：美国海军研究实验室，2015

其他功能最终将包括机器人理解和响应手势（如人类的指点和手势信号）的能力，机器人将能够跟踪人类团队领导者的注意力焦点。麦金尼进一步指出，"在适当情况下，还可将自然语言整合其中"（McKinney，2012）。

美国海军其他类人机器人，如奥克塔维亚（Octavia）（图 1.4）和卢卡斯（Lucas），有望成为下一代萨菲尔机器人，因为它们的自主性和社会行为被整合到了萨菲尔的框架之中（Carroll，2012；Webster，2012）。

卢卡斯和奥克塔维亚可以感知人类的命令，然后据此做出决定并进行一系列的反应行动。为了有效、高效地与人类同伴交流，机器人的行为和外观可以展示它们的内在和情感状态。例如，头部倾斜表示机器人正在考虑一连串动作。此外，这些机器人还可以使用语言来回应人们（Webster，2012）。

2004 年，海军空间和海战系统中心圣迭戈分部（SSC San Diego）的研究计划提出了一个复杂精密的机器人系统，该系统能够密切协助作战人员，"实现人和机器能力非常紧密的团队协作"。"作战人员伙伴"（Warfighter's Associate）一词就是基于这个观点。它描述了机器人学中的一个双重概念：①人类监督的平台；②使用自然语言界面，能够理解和响应高级语言命令，因此是半自主性的。该模型的开发是为了响应驻伊拉克和阿富汗排爆部队希望机器人具有更强能力的新需求。

为了演示他们的模型，埃弗里特（Everett）等人将这一想法与人类–警犬执法团队进行了比较。他们认为，类人机器人的设计可能更适合某些地形和情况，而"作战人员伙伴"在其他情况下可能被设计为轮式设备（Everett et al., 2004）。"作战人员伙伴"这一概念将具体体现为机器人仍然是公认的非生命样式，但具有一些类人特征，如语音识别。这些类人特征可能包括，在人类机器人团队环境中采用自然语言交互的能力和高度自主性，表现出类人的语言模式和自我指导的任务导向行为。由于这些方面具有很强的实用性，国防领域的许多机器人在未来迭代发展中都将采用更多的类人和类动物特征设计。例如，在 2011 年，一级军士长卡罗尔（Carroll）介绍了一项未来新型爆炸物处理机器人夹具计划："基本上，它将设计有两个手指和一个拇指。我们需要一些触觉反馈，这样我们就知道在捡拾简易爆炸装置复杂碎片时施加多大的压力。"吉恩·卡罗尔的介绍解释了为什么手指和触摸感觉等像人类一样的属性，在诸如 EOD 工作等环境中可发挥重要作用。

尽管不同机器人模型的类人化程度无疑会因其预期用途而有所不同，但美军试图发展和集成的更像人类的机器人的相关信息，是可以公开获取的。正如芬克尔斯坦和阿尔巴斯（Finkelstein and Albus，2003/2004）2004 年在报告中所引用的，他们提供了一份美国陆军发布的 EOD 任务需求声明，其中明确探讨了 EOD 的类人机器人概念需求：

> 需要一个能够攀爬狭窄楼梯、攀登梯子、打开房门/舱口（如水塔、船舱或屋顶）的机器人。这种类人机器人既能爬上船上的梯子，也能爬上陆地上的梯子。类人机器人可以减轻机器人轻便运输的需求，因为它可以把自己装到 EOD 应急车辆中。类人机器人还可以自己安置破坏工具或 X 线机，而不是采用目前将破坏工具安装在履带式或轮式机器人上的方法。

该任务需求声明接着概述了当前使用的轮式和履带式（坦克式）移动机器人系统的缺点，尤其是机器人的体重过大（重数百或数千千克），这使得其运输过程复杂，移动速度减慢，以及具有难以适应不同类型地形等相关问题。这一缺点反过来又削弱了其拆除销毁屋顶或类似人造高大建筑物上爆炸装置的能力。这项声明还建议研究当前可以改造的供 EOD 使用的市场现有（COTS）类人机器人。此外，还有一项计划旨在发展可以取代人类士兵的机器人班组成员，至少在某些情况下可以作为远程控制的物理替身（Dyess et al.，2011）。显然，人形机器人正被视为可广泛应用于国防领域的一种潜在设计选项。

附甲（appliqué），此处指附加装甲，是另一种提高从人到机器等各种事物适应性的方法。向现有资源（如坦克）增添装甲的优势是可以定制现成产品以应对特定威胁。人类操作者可以穿戴机器人外骨骼形式的附甲或防护服。这些复杂的可穿戴机器人系统既可以提高个体效能，同时又能起到防护装甲的作用。

美国陆军提出的战术突击轻型作战服（TALOS）将是对士兵最为有用的可穿戴工具系统。士兵穿上它之后，在执行搬运重物之类的任务时，力量会显著增加，而且还可能有助于提高耐力。TALOS 计划采用安装有传感器的反应性材料，可以监测体温、心率与水合水平，甚至可以为穿戴者进行某些方面的实时医疗诊断分类，如士兵受伤时作战服自动将可注射凝血泡沫产品应用于士兵伤口。

士兵一旦穿戴上外骨骼，其对周围世界的日常体验就会随着感觉和能力的扩展而显著改变。随着可穿戴、植入式技术的广泛性和即时可用性的提高，战争经验将再一次发生变化。效能增强工具将允许士兵利用热成像、夜视、智能光学设备、遥控飞行器（RPV）的同时馈送，无缝观察周围环境。任何士兵，无论其训练水平或专业知识如何，都可以轻松使用同步翻译设备进行外语交流。这些丰富的工具将使穿戴者与其互动者（无论是同事、盟友还是敌人）面临复杂的变化。

本书在其他章节更详细地讨论了军队组织体制及其对 EOD 工作、个人、团队动力学和机器人设计的影响。与许多严格等级化的军事工作环境不同，EOD 人员在军队中具有独特的位置，原因有很多，尤其是他们受过高水平训练，从而为团队执行任务和沟通交流。EOD 工作不同于军队中的其他团队，团队领导必须经常征求所有团队成员的意见，包括下级或新成员。EOD

人员通常经过正式和非正式的训练,通过持续沟通交流来共享信息,这被认为是其决策过程的关键要素。每位队友可能只具有解决问题所需的相关部分知识、不同的能力和技能,以及对手头任务状态不同的潜在理解。

如果团队成员在处理未爆弹药时受伤或死亡,则持续性沟通交流也至关重要。在发生伤亡事件时,剩余的团队成员必须理解为什么他们所在单位的每个人都选择并计划去做一些事情,以便在失去沟通的情况下尽可能地进行故障排除,并从每个独特情况的结果中学习经验教训。虽然可能会有一两位小组成员被指派承担定期操作或维护机器人的任务,其他成员则有不同的预期职责,但所有小组成员都会工具性使用机器人,并且常常密切接触机器人。

考虑到这种紧密互动团队工作的性质,以及机器人每天在这种危险性团队环境中的实用性和频繁使用,这也许并不奇怪,一些士兵开始对他们的非人形机器人产生感情,就像他们对宠物的感情一样(Singer,2009)。

三、讲述故事

人类天生就是故事讲述者。人们互相谈论他们的经历及这些经历在他们生活中的意义。尽管"故事"(story)这个词本身可能意味着某种虚构的东西,但人们也每天创造和讲述自己的真实故事。在世界范围内,所有的文化和社会都会创造和传播关于他们过去、现在的故事和对未来看法。通过故事,人们创造了共同的历史。他们用故事来组织思想,激发情感,教导社会中的其他人如何生活和行为,以及他们的期望应该是什么。讲述故事和个人叙述可用于澄清立场、提供间接经验、煽动行动、分享经验和想法、减少冲突,作为人们分享共同文化的试金石。

叙事(narrative)或讲述故事(storytelling)是对一系列事件之间进行网络化连接的观点和相关行为,这些事件被转述给对故事理解大体一致的听众。它不是事件的简单列表,而是对围绕统一题目或主题的事件进行描述。除了故事人物和行动顺序等核心元素外,叙事还提供了框架条件或原因,表明事件是如何以可识别方式联系起来的。

然后，故事情节（plot）刻画了这些叙事事件的特点，并通过故事讲述者创建的主题关联时间线引导听众将这些情节联系在一起。故事通过情节将各事件联系在一起，尽管不同事件之间可能存在时间转换，或者事件可能以非顺序的形式呈现。因此，故事在讲述时表现为连贯的整体，并以一种合理的方式将事件联系在一起，用情节作为理解的镜头。运用这一范式，叙事体现了它所传达和理解的意义，在时间框架中呈现了一系列的主题行动。行动不必遵循线性时间框架，而所描述的事件顺序和行动由故事讲述者精心选择后集合在一起，通过情节结构相互连接。故事中的事件序列不必严格按时间顺序排列，但也可以这样安排。事件的顺序方式可以包括题外话、伏笔和倒叙。事实上，因为叙事是由事件推动的，所以其目的本质上不是分析性的或批判性的。然而，故事可以包含道德内容，如寓言、童话或民间故事等体裁。因此，情节结构所呈现的顺序能够使听众意识到故事中发生了什么。

因为不同的故事讲述者可能会根据他们自己的信仰或叙述偏好，对相同经历或想象事件呈现他们自己的版本，因此在不同版本之间寻找一致性，旨在将可以确认的主题，以及事件、人物或复述中变换的情节等元素联系起来。这种对讲述故事的解释并不意味着一种详尽的叙事理论，而是要从其他交流方式中阐明它的特点。这个基本框架强调了叙事的一些重要组成部分，如故事讲述者、听众、事件或情节、时间框架、主题和意义。

不同的真理和信仰是通过故事来传达的。虽然故事本身可能无法证明一件事已经发生或存在，但它确实证明了某些事是如何发生的。它们是一个成功故事中的因果关系，当这些相同的原因在语言交际中可能不易被辨认时，听众仍然能够认识到。人们每天都用叙事和话语来理解他们的世界。生活经验以人物情节的形式传达，并通过故事讲述者选择讲述的事物、讲述/理解的媒介、故事如何讲述及事件以何种顺序呈现，来解释其思考方式。听众的理解是基于对文化意义和期望的共同认识。听众积极参与叙事互动，将首要性和注意力放在对自身理解、信念、期望和偏好等突出细节上，并据此解读叙事。因此，成功的叙事采用了一种逻辑结构，其核心依赖于故事讲述者和听众之间的这种共同理解。由于叙事的这些特点，其提供了一种独特的方式来理解体验生活的方式、内在动机、信仰和价值观。语言、体裁、媒介、人物等形式结构，可以用来表达真理、有价值（或无价值）的东西、重要（或不重要）的东西等因素的共同理解，以及思想、人物、事物和逻辑上似乎不相关事件之间的联系。

故事和叙述不一定要以娱乐听众为目的。讲述故事是一种交流模式，因此包含了非常人类化的社会互动情感品质，并将之融入交流之中。故事讲述可以为创作者和听众、工程师和产品、设计师和用户、制造商和市场之间起到情感宣泄作用。作为一种创造性活动，一种与同事分享想法的媒介，一种煽动行动的说服性行为，或者仅仅是一种分享新闻的方式，叙事反映了创作者的思想信息。

无论故事是虚构的、隐喻的，还是基于真实经验的，讲述故事和分享经验都是有价值的。讲述故事是一个讨论信仰的"平台"，可以影响人们的期望，并为每位参与故事讲述的人提供解释的"画布"。在日常生活中，人们用真实的、个人的故事来分享记忆，并且常常以情节性方式交流他们的经历。这些情节性的故事通常以熟悉的标志性短语开头，如"我记得当时……"或"今天早上，我……"。这些故事是由个人创造的，用来组织和勾勒他们所经历事情的意义。换句话说，内部故事有助于人们赋予自己主观意义，形成对他人的看法，塑造他们对周围世界的期望。

讲述真实事件的故事可以为讲述者和听众之间开辟思想、信仰、感情和沟通交流的渠道，在情感和行为层面上影响和打动人们。有机会向富有同情心的倾听者讲述自己的过去，特别是当讲述者能够将过去的事件经历融入现在的日常生活中，往往会导致个人故事讲述更深刻并为听众所接受。个人叙述，类似于其他形式的故事讲述，不是简单地报告谁、什么、哪里、何时（who, what, where, and when）。叙述还试图说明某些事件为什么（why）发生，对所呈现的事件予以解释。故事讲述者通过听众的思维方式让听众理解这些行动。

通过不经意观察，很明显，人们参与故事的方式包括创造、呈现和分享等各种行为。不太明确的是，人们如何决定与他人分享什么故事，以及他们如何选择分享这些故事。对于一个局外人来说，也许更具挑战性的是，当他们参与到所倾听和观看的故事中时，去发现他人的个人内在经历。

即使是同一个故事的个人经历也会随着时间推移而改变，比如当一个人再一次观看喜欢的电影或阅读喜欢的书籍时。人们有时会重温同一个故事，因为它既熟悉又有趣。然而，熟悉的故事可以通过反复参与，在同一个人身上引发不同的意义、焦点或见解，因为故事受众的视角在不断演变。无论是以图书、电影、广告、民间故事或其他任何形式分享，故事都不断具有新的含义。人们不仅受到故事讲述方式的直接影响，还反复塑造故事版本以符合他们的解释视角。

然而，故事和文化之间的影响循环并不会这么利索地结束。故事讲述者可以对听众作出回应，并改变自己讲述故事的方式。此外，"故事讲述者"和"听众"的角色不是固定的；即使在日常对话中，他们也会很自然地轮流扮演这些角色。故事和人之间的关系是动态交互的，就像故事的构建过程一样。

最初，合作创造个人故事的想法似乎有悖常理。然而，人们总是在叙述上互相合作。设想以下情形，几个朋友在树林里徒步旅行，一位朋友指出，一只没拴绳的狗从前面的小径跑过，并对它发表评论，就像另一位徒步旅行者也注意到了它一样。第一个朋友的评论可能会提醒其他朋友注意这一情况，也可能会证实他们相信自己看到了什么。

几秒钟后，一起徒步旅行的第三位同伴告诉其他人，他们看到的"狗"实际上是一只狼。别人对于所知道的东西具有什么样的权威？从本质上讲，每当别人的观点与自己不同时，这个问题就会在某种程度上被提出。第二位朋友是否处于观察动物更有利的位置？那位徒步旅行者对狗或狼非常熟悉吗？或者那位朋友可能有夸大的倾向吗？基于相信这位朋友对狼的认识，这个小组的一些成员可能决定重新评估"狗"跑过的那一刻。然而第一位朋友坚持说那是只狗。经过进一步的考虑和讨论，小组中的大多数人都认为，在这种环境下，是狼而不是流浪狗的想法更有意义。由此产生的结果是，他们开始对周围环境变得更加警觉。他们遏制了自己追逐那只最初被认为是流浪狗或可能是驯养动物的本能。不过，故事的主观性已经发生了改变。此外，个体和群体行为发生改变，因为基于修正后的观点——他们看到了一只狼，大多数成员对周围环境变得更加警觉。事件的版本和故事的讲述方式，未来还可能发生改变。这种沟通交流表明，对事件的描述往往涉及对事件解释的协商。

世界上没有两个人会以相同的方式理解某一时刻或某一故事。故事不是客观性演练。然而，承认经验的主观性并不意味着它不值得分析；相反，它是值得的，因为它是第一人称的描述。此外，第一人称经验的首要地位往往揭示了事件在稍后分享时对于个人具有重要意义的内容，即使故事的版本随着时间推移而发生了变化，或是针对不同的听众进行了改编。正是叙事的主观性及其影响，才能包含有故事讲述者的真相。

回到前面的例子，真相是什么？是狗还是狼？哪个朋友是对的？虽然对于每个人是否都目睹了一只狗或一只狼跑过去，存在一个终极真相，但每个人对这一时刻的个人解释仍然是他们自己的真相，因此也具有其作为经验的有效性；最真实的是，每个人与那次经历有关的主观经验以及情感和行为。在确定个人面临的直接威胁水平时，能够知道它真的是一只流浪狗还是一只狼，在当时非常关键。然而，在缺乏对事件"真相"具体了解的情况下，该故事的协商性叙述过程也影响了当时的行为变化。狗还是狼之争的例子，反映了故事讲述者和听众之间角色转换的迅速性、客观性的变化性（fluidity）、其他解释对故事的影响，以及解释如何影响行为等。因此，在探索林间小路上动物身份之谜时，应该以同样的热情来审视所有这些过程。只有把所有这些放在一起进行研究，才能得出这种现象的形而上学的哲学意义，从而洞察其原因及结果。

四、科学与幻想

人类与他们对这个世界的经验存在着有机的联系。毕竟，每个人的神经系统及肉体都使他们具有独特的地位，并且使他们与经验之间的关系非常个性化。根据电影史上的一个传奇轶事，1895 年，50 秒电影《火车进站》（卢米埃兄弟制作）的第一批观众被一列火车朝他们驶来的动态画面惊呆了，观众们惊慌地从剧院座位上逃走。不管这个故事的真实性如何，这个故事传达出第一批电影观众对电影上的虚幻影像毫无准备。然而，电影工业经过一个多世纪的发展，观众根据他们以前的观影经验现在已经准备好观看任何电影了。他们不再会因屏幕上迎面而来的列车而仓皇逃跑，因为他们早已知道电影影像就是这样，不会对自己造成直接的身体伤害。人类与故事和技术的关系，就如同与电影的关系一样，会随着时间的推移而改变，因为与技术的经验会影响到交互方式的演变。此外，关于主题和概念的集体观念随着时间的推移而改变，故事也会随之而改变，以反映更大规模社会不断发展的观念。

观看恐怖电影的现代观众在进入剧院时，他们预计自己会看到一些将使他们害怕、兴奋、惊讶的内容，以及在日常生活中通常被归类为负面情绪的其他一系列情感。作为现代电影观众，他们明明知道在屏幕上看到的影像并不是真实的，为什么有些人仍然喜欢这些精心策划的演出呢？观众知道电影中的危险并不是真的发生在剧院里，不会伸出手来伤害他们。那么，如果人们知道这是一部电影，而不是对真实身体的真正威胁，为什么电影屏幕上的情景有时会产生非常真实的行为反应，比如有人会在电影中出现惊险片段时吓得跳到座位上？观众之所以会作出身体上的反应，在某种程度上与看到感人情节时会笑或哭的问题相同。在某些方面、某些场合，人们与没有生命的电影互动，就好像它是真实的场景。

观众在观看威胁性电影场景时，与中性场景相反，大脑的某些部分会被激活和激发，从而提醒人们注意个人危险（Straube et al.，2010）。读一本恐怖小说也会产生类似的影响，导致身体和情感上的焦虑（Cantor，2004）。故事之所以能引起人们的共鸣和注意，是因为在一定程度上，当人们沉浸在一个好故事中时，会积极参与并分享故事情节的经验。有一种观点认为故事只是一个故事，但如果受到故事的刺激，人们会本能地作出反应。本书采用了人-机器人互动的方法，作为对文化研究的演练。我们从理解的角度讨论的是，这些人-机器人互动已经深深植入文化之中。为了更深入地研究文化如何建构和传播关于人-机器人互动的知识，重要的是考察虚构的故事和更大范围的共享文化,以及探索个人关于自我的叙述。分析故事作为叙事的性质,为理解不同文化体系奠定了基础。

要开始理解故事,就要认识到,在如何定义完整叙事结构的构成因素方面有一些共同的特点。叙述性叙事,无论是虚构的还是真实的,都有两个基本要素。首先,关注个人的意图状态,或者价值观、信仰、观点和意见。其次,讲述这些状态如何导致行为或活动。在虚构性叙事中会着重突出故事的转折点,这样听众就可以更清楚上述两个要素之间的联系、内在动机和目标及外在行为。在基于现实的叙事中,对自我与内在和外在两方面之间联系的发现并不太容易受到束缚。仔细研究真实故事的文本和语境,从中寻找表达和行动模式,揭示其核心真理,进而可以洞察人们如何看待自己和周围的世界。

小说、民间故事和流行文化作品总是影响人们对机器人外观、行为和用途的期望。故事有助于我们创造自己的经验,同时也创造了我们文化中的共识,并可作为社会关系的试金石。自古以来,许多文化中就流传着各种形式人工生命与人类互动的神话。

"机器人"(robot)这个词实际上在小说中有其共同的根源。捷克语"苦力"(robota)一词是捷克作家卡雷尔·恰佩克(Karel Čapek, 1920)在其小说《罗素姆万能机器人》(*Rossum's Universal Robots*)中,对作为关键角色之一的类人人工智能体进行命名的灵感来源。在这部小说中,工作机器人在被注入情感之前,被描绘成不知疲倦、毫无怨言的工人;一旦被加装了情感,这种类人机器人就会起义并杀死人类,最后统治整个世界。几乎可以肯定,这个故事是随后许多有关人类与机器人互动叙事的现代模板。

几千年来,在世界各地的神话和民间传说中,有关人工生命的虚构概念无处不在,如普罗米修斯捏的泥人(Hyginus,约公元 900 年,1960),赫菲斯托斯创造的潘多拉(出处同上)和皮格马利翁的伽拉泰亚雕像复活(Ovid,公元 8 年,2009)。中国古代有这样一个故事:一台机器人是如此的逼真,以至于它的创造者偃师(Yan Shi)只能在大王面前拆开它以证明它是人造的(Chen, 1996)。在中世纪,机器人的传说包括印度神话中守卫洛卡潘纳蒂（Lokapannatti）的保卫者（Strong，1994），以及犹太民间传说中用黏土制造的巨型保护魔像（Goldsmith，1981；Idel，1990）。

现代流行的关于机器人或人工生命的故事将看似合理的技术元素与意料之外的结果混杂在一起，以便创造出令人兴奋的角色或戏剧性的故事情节。但除了《星球大战》（*Star Wars*，Kurtz and Lucas，1977）或《机器人瓦力》（*Wall-E*，Morris and Stanton，2008）等电影中描绘的可爱机器人之外，还有许多故事讲述了对危险机器人的关注，如《地球停转之日》（*The Day the Earth Stood Still*）中的戈特（Blaustein and Wise，1951）、《银翼杀手》（*Blade Runner*）中的复制机器人杀手（Scott，1982）和近乎坚不可摧的《终结者》（*Terminator*，Hurd et al.，1984）。甚至在 1939 年的经典电影《绿野仙踪》（*The Wizard of Oz*）（LeRoy and Fleming）中，对锡人表示同情的粗陋机器人角色也渴望拥有一颗心，因为锡匠在造它时忘了给他装上一颗心。

机器人流行故事中各种主题相互冲突的历史，明显反映了普遍存在的如何应对人工生命的长期文化困惑，并列举了人类与人工生命互动的各种可能方式。像电影一样，通过民间传说——口头传说、书籍和歌曲讲述故事，增加了我们对不易理解事物的理解模式。犹太人围绕魔像（golem）创造的传统故事尤其相关，因为它们是后续许多关于机器人之类自动装置故事的寓言根源。

想想中世纪犹太人作为欧洲少数民族的历史背景。犹太人聚居区和村庄经常受到随机和有系统的人身攻击，像魔像那样的神奇巨大的保护者的想法无疑是一个非常受欢迎的故事，至少部分原因是它将犹太人定位为具有能力的人，而实际上的日常生活却非常危险。换句话说，魔像在逃避现实和渴望成功方面是一个很好的故事。事实上，魔像所提出的一系列关于生命、创造和其他事物的意义的哲学问题已经足够吸引人了，它们继续激发着现代小说的灵感。

传统上，魔像被描述为用泥土或灰尘制造的假人，然后用"骨头的气息"或生命的气息（ruah）（也称为"动物灵魂"）使其具有活力。在这些故事中，活力（animation）和生命（living）状态之间的区别非常明确，魔像不能被认为是上帝创造的。更确切地说，这些泥人是某种人造物体，是一种由魔法、意图、泥土和泉水构成的吉祥工具。这一组不太可能的成分并不亚于其他流行故事中提到的那些将某种活力灌输入人类制造的东西或是对生命的模仿。

魔像的外形和体型都像人类，但不智能，也没有任何自主性。作为自动装置，魔像必须遵循其制造者的命令，没有人类所公认的内在批判性思维机制，而且它们完全服从于人类的指挥。然而，魔像创造过程的主要目的是成为一种精神训修。拉比（犹太教教士）可能会创造魔像作为其忠于上帝的一种方式，也许会据此进一步洞察上帝的创造计划。魔像的故事也可以被解释为，给魔像创造者一个机会来召唤自我的魂魄、复制品或者更低版本的自我。因此，魔像是拉比通过观察了解自我本性的工具，从而在通往个人救赎的终生道路上做出深思熟虑的个人改变。

然而，其他的魔像故事讲述了这些生物体如何有效地服务于它们的造物主，例如它们被分配从事重复性的家务劳动（如从井里打水）。从这些魔像不知疲倦地服从指令的例子来看，将有效创造物作为保护村庄免受攻击的工具或力量是有实际意义的。根据传说，当魔像被用于从事枯燥劳动或身体保护时，这种不当使用会导致混乱，通常是将魔像变成了无法控制的东西。像其他导致混乱的人类创造物一样，魔像也是围绕技术主题故事的共同主题的一部分。人们用这样的故事来探索他们好奇心的结果，以及在如此高水平上尝试未知事物的潜在后果。

以电影、电视、书籍和计算机为媒介的故事是社会的重要组成部分，由此产生神话创造和意义创造，并与人们的实际经验相互融合。当代和技术相关的焦虑与许多关于人类超出自己能力范围创造人工生命的警示故事联系在一起，如雪莱（Shelley）的弗兰肯斯坦生物（失控的创造物），或电影《人工智能》（*AI*）中的机器人儿童（Kennedy et al., 2001）。反过来，这些故事主题和隐喻又助推了当代人对科学进步的态度。

伊萨克·阿西莫夫（Isaac Asimov）的"机器人三定律"就是故事讲述和科学进步之间相互作用的一个例子。这三条定律已经成为一个框架——无论是否合适，让一些人了解如何为机器人行为制定智力、道德和伦理标准。值得注意的是，在不深入讨论这一虚构装置的科学应用时，这些定律不仅是科学与科幻迷们普遍的文化试金石，而且传播到大众文化中并具有一定的影响力。墨菲和伍兹声称：这三条定律已经通过娱乐业成功地灌输到公众意识中，现在它们似乎塑造了社会对机器人应该如何在人类周围行动的期望（Murphy et al.，2009）。虽然无法确切说出它的影响有多普遍，但我们可以断言，阿西莫夫的"机器人三定律"甚至影响了个体对正常人–机器人交互的期望，或者至少是机器人应当如何表现。此外，媒体在谈论人–机器人互动时经常提到这三大定律，这进一步推广了这一套理念。目前对大部分人来说，人类与机器人之间的互动并不常见也不是日常经验。然而，随着机器人使用从军事空间等特殊情况向外扩展，我们对这项技术的叙述和期望无疑也将发生变化。随着时间的推移，虚构故事中的潜在观念将会得到更深入的探索，如阿西莫夫对于人之所以为人的探索，或者故事可能会转向更为外在的焦点，批判性地反思是什么使人类以这样的方式与机器人一起工作。

　　科学幻想是一种对新型人类–技术交互的复杂含义、或然性和可能性进行现实理解的手段。在 1972 年的电影《宇宙静悄悄》（Silent Running，Trumbull）中，有一个场景展示了突出的交互示例，与本书的设计讨论密切相关。在电影中，弗里曼·洛厄尔（Freeman Lowell）是宇宙飞船上唯一的人类。在影片大部分内容中，洛厄尔仅剩下的同伴是三个模糊不清的人形机器人，分别命名为雄蜂 1 号、雄蜂 2 号和雄蜂 3 号。雄蜂的体型很小，仅在其双足运动模式和最基本形态上具有人形；它们以非语言交流，其功能是由它们作为互动服务机器人来确定的。它们的设计目的不是为了社会交互。然而，当洛厄尔和机器人单独相处很长一段时间后，他开始与它们建立情感上的联系。洛厄尔在精神上把雄蜂提升到某种生命状态的第一个方法就是将它们改名为休伊、杜威和路易。具有讽刺意味的是，甚至这些名字也都来自其他拟人化的故事，它们在美国文化中与会说话的鸭子动画角色有关。

　　在这部影片中，机器人的设计被明确地设定了用于内置的交互边界，机器人呈现出机器般的外形和有限的智能，从而适合它们在飞船上的任务。尽管这些雄蜂没有自然语言表达能力，但它们显然具备自然语言理解能力。洛厄尔在没有人类陪伴时，给这些雄蜂起了名字，实际上给它们灌输了比纯功能性物体或工具所能承载的更多的情感意义。在开始的一个情节中，洛厄尔和他的人类同事打扑克。在一个相似的场景中，当洛厄尔失去与人类的接触后，他教机器人如何打牌，让它们充当他玩牌的伙伴。在整部电影中，洛厄尔跟机器人说话，表达和讲述他们之间的互动，并想象在一个假的有来有往的社会互动中他们会如何对话。很明显，机器人在他孤独的时候成了他的伙伴。这部电影展示了一个实例，即观众将如何想象人类操作者违反了机器人作为纯粹服务模型的设计意图。当洛厄尔面对一个以意想不到的方式使用机器人的机会时，他就这样做了，他很快转向机器人并与之进行社交互动，并用自己的想象力在它们内置的有限类人功能上建立这种关系。这是科学幻想对机器人在人们生活中可能扮演角色进行审视的一个令人心酸的例子。

五、 制造神话

神话是具有广泛文化接受度的故事，通常与神圣的特征联系在一起，如传达关于生命的基本真理。此外，它是普通人和物体可能拥有神祇或英雄力量的故事。在谈到神话时，神话故事的起源与其他思考方式之间存在着区别，如那些可能被认为是基于逻辑、理性甚至科学思维的思考方式。神话的创造是基于人类的感知、情感和熟悉的互动交流模式。然而，如果认为由于神话思维是建立在情感和感觉基础上的，它不一定需要合乎逻辑，或者说仅仅作为一种先于逻辑或科学思维的操作而起作用，那就太简单且不准确了。

这些神话故事呈现了对于现象的各种各样的解释和选择方案，其中的细节不太容易理解，令人感到有趣，并且往往以幽默的口吻表现出来。

神话可以融入不同的社会文化圈，从个人层面到家庭、组织或更大的社会层面。它们抓住了文化的真谛并反映出它的关注点，通过在故事讲述中有效运用典型符号来强化社会的各个方面，从而抓住观众的想象力并激发问题和思考。神话不仅仅是为了娱乐，而是为了展现各种版本的真理和信仰。它们反映了一些心理学、社会学和形而上学的思想，这些思想对不同文化中的人们至关重要。

在人类学领域，神话思维（mythopoeic thought）是指与科学思维截然不同的人类思维阶段（Frankfort，Frankfort，Jacobsen and Irwin，1977）。具体地说，神话思维一般是指一个时期的文化思维方式，是寻求科学根源概念的社会进化过程的一部分。神话是通过各种方法而不是科学观点来理解自然现象而产生的。基于神话和基于科学的系统是感知世界并与世界互动的两种截然不同的方式。有些文化围绕着基本上植根于神话的信仰运转，而另一些文化则更以科学为中心。一种理解方法在本质上不一定比另一种更好，也不必把它们作为服务于不同目的的方法予以评价。这两个概念对于那些以科学或神话为视角看待生命的人来说同样重要。然而，在分析与事物相关的信仰、真理和情感的萌芽时，区分这两种观点非常重要。

两者之间的一个重要区别是，通过相反视角的观察来评判对方是不公平的。如果说在神话中寻找意义不那么复杂，那就相当于对普通情感及真实的人类经历不屑一顾。在人类的所有日常生活中，受这些思维方式影响的现实是混合的、流动的、同时运行的，影响着个体的经验、记忆、过去和未来的行为。

思辨思维（speculative thought）的前提是与创造神话的思想联系在一起的。根据这一模型，思辨思维可以分为理性思维和神话思维两种形式。理性思维（rational thought）运用逻辑、可证实的事实和同伴讨论来推动思想向前发展。神话思维通过运用神话、隐喻、讲述故事和叙事来发现秩序和意义。历史上，这些理论曾被用来理解特定时代的古代和现代文化，使神话思维更加具体和人性化，而科学方法则被认为是客观和抽象的。不同方法之间存在着对比，但这些思维方式之间并没有内在的排他性。人们在处理一个新的复杂问题时，经常综合采用这些方法。因此，如果一贯低估某一种或另一种理解方式，会对分析人类交互造成损害。事实上，神话思维可能是任何群体在遇到新事物、新经验或新思维方式时比较早期的理解过程。

神话思维的一个特点是将所有的视觉和听觉刺激都归因于某种生物形

态。将想法投射到某个问题上，可以让人理解如何与事物或情境互动，从而触发重要行为，包括防御或其他保护措施等。它是评估某一无法识别或不熟悉的人的权力、智力、能动性和友好程度的方法的一部分。利用这些信念，每一个未知的物体最初都被灌输了一种意识状态，从而成为有生命的物体。

理性思维倾向于假设存在有思维、有意识的物体，然后将无生命的物体放置于生命谱的另一端。因此，通过测试、分析和观察来检验对象，这些测试、分析和观察都植根于上述信念系统。物体只是事物，而人类被理解为有经验、情感和感觉。神话思维意味着世界上没有任何物体不具有生命以及和人类一样的特性。为了理解其他人，人们会用同理心来认同这些活着的人。在神话的观点中，一切都是通过同理心来理解的，而不是通过通用法则和概括法则。因此，决定如何对待他人，无论是有生命或没有生命的，是通过人类的动作、行为和态度来理解的。这两种解释模式在不同程度上都是许多人日常生活的一部分。例如，科幻小说经常被用来解释无法解释的事情。在不久的过去，人类还没有与机器人互动。书籍、电影和电视对人类与机器人互动的描述，提出了观众认可的人类与机器人交互的可能结果，通常是以已有的以人类为中心的方式来描绘机器人，如它们具有人类的形态、语音和互动。当实际的机器人融入现代世界时，以前以幻想形式出现的想法与新的现实相比，可能显得天真、愚蠢、幼稚，或者根本不准确。然而，这些故事的目的并不仅仅是娱乐。这些故事提供了理解新事物（比如机器人）的隐喻方式，通过人类之间的隐喻使它们更易于被理解。将机器人人格化是理解事物的一种方式，但并没有普遍的规律。如果机器人被虚构描绘成类人个体，那么利用神话和讲故事来理解这些新事物，可以为文化思考和探索机器人的想法提供一些秩序和范例。

为了开展深入的文化分析，可以将故事讲述者和听众对故事的理解进行区分，一种为虚构的（如科幻电影），另一种来自故事讲述者对现实的理解（如新闻故事）。在人类与机器人互动时，这两类叙述有时会模糊不清，因为人们已经习惯了对真实机器人的想法，甚至在真实空间中与它们互动，但却没有太多（如果有的话）的个人经验。人类与机器人互动的这一历史阶段反映了最初的文化规范过程，在这一过程中，人类不断探索他们认为应该如何与机器人生活和工作的各个方面。因此，在这个发现的时代，虚构幻想和真实故事之间可能会有特别积极的反应。这些结果将被确定为社会和个人应如何与机器人相处和生活的模型，这将是非正式决策和个人决策与管理人类与机器人互动的正式政策和法律之间的动态张力。

我们也许更容易理解现实世界是如何激发灵感，并成为幻想的跳板。人们创造的故事在多大程度上影响了"真实"世界？幻想在共同构建机器人的设计师、工程师和科学家的技术实践中扮演着什么角色？

目前有几种方法可以定位虚构故事及其对日常生活的影响。讲述故事（storytelling）可以作为一种分析工具来开展研究，正如本书一样。在对特定文化现象（如人类与机器人互动）的规定性解释中，对虚构故事所提供的规范、身份和理解信息进行考察，可以反映现实生活中存在或发生过的事情。对故事讲述的这种详细考察通常是同时进行的，还考察了故事讲述者、故事讲述的背景、故事的传播媒介及其他情境变化因素等。

日常对话、新闻故事甚至是决策者的正式措辞，在提到机器人时经常采用广泛流行的小说、科幻和其他大众文化用语。通过《终结者》来讨论真实机器人的头条新闻，以及提及阿西莫夫科幻三定律的真实机器人的新闻故事，使用这些众所周知的故事作为文化试金石，是希望大家对这些典故的含义有共同理解。这些符号很容易被理解为以熟悉的方式对复杂信息进行简略引用，通过通俗易懂的虚构互动模型来表达现实中可能发生的事情。当将虚构参照物作为描述用语时，参照物本身也成为理解模型的框架，并且可以作为积极或消极的影响者，这具体取决于它是如何被用作修辞手段的。

关于军队和机器人之间情感联系的新闻报道，已经成为我们关于人类如何或可能对待机器人的集体文化叙事的一部分（Garreau，2007；Rose，2011）。在关于国防机器人的许多新闻报道中，记者们选择了一些大众熟悉的具有负面联想的科幻机器人作为对照，这些机器人通常被视为无法控制厄运的危险预兆。采取这种策略，通过具有破坏性内涵的符号来表达共同理解，为人类对机器人（或一般机器）的期望设定基调，以及为相关文章如何阐述问题设定基调。这一文化影响范围也可能使一些人-机器人交互中的潜在问题被混淆,夸大基于虚构例子的观点,并依靠不准确的比喻来增加娱乐性,否则有时会很难用几句话来讨论人类对人机交互复杂性的最低理解这一话题。通过这种方式,虚构的例子可能会负面强化人们对自认为所知的理解,或者他们想象与真正的机器人一起工作可能是什么样的。显然,引用流行故事作为参照的一个明显优势是,它们充当了共享的文化参照物,这种方式通过根据熟悉符号共同含义确定的互动模式来交流复杂思想。如果有人谈到《终结者》机器人,就会在听众那里引发一系列关于机器人外观、行为或其任务或功能的期望。

与 EOD 任务相关的新闻报道中常常描述士兵对机器人的一种情感,即经常报道团队成员以自己喜爱的方式给机器人命名。这些关联可能源于 EOD 人员目前使用的机器人大多数尺寸相对较小,这些机器人通常没有武器化,而且它们在设计上接近地面,没有明显的类人特征。有时,被采访者的话语可以构成虚构比较的基础,如"部队称呼他们的机器人为约翰尼 5 号,就像它们是可信赖的东西"(Komarow,2005)。这类叙述还将机器人描绘成了人类团队的吉祥物或类似生命的附属品,这有助于形成公众对某些类型军用机器人的认知,也有助于形成与这些机器人互动的最初期望。

科学家、工程师、制造商和机器人学家也是社会系统参与者。因此,小说和故事也能激发科学思想。许多机器人制造商和设计师都表示,他们孩童时代对电影或书籍中的机器人充满狂热,并将其与现实生活的愿望联系起来。程序员和设计师保利乌斯·利基斯(Paulius Liekis)是机器人和 3D 打印的爱好者。他从他最喜欢的电影之一——科幻动画《攻壳机动队》(*Ghost in the Shell*)(Oshii,1995)中寻求灵感。利基斯根据电影屏幕截图的引导和启发,制作了电影中 T08A2/R3000 蜘蛛坦克的三维模型。利基斯解释说:如果你看电影,就会发现其中的坦克虽然外形为机器人,但动作更像狗或其他有生命的动物。你可以从它的姿势中感受到情感,你可以看到它在生气,或者它试图保护自己(Millsaps,2015)。

另一方面,科幻作家也受到现实世界科技的影响,这似乎是一个很直观的命题。编剧杰夫·文塔（Jeff Vintar）将阿西莫夫众多作品之一的短篇小说《我，机器人》（I, Robot）改编成大银幕电影，他解释了自己对这一类型电影的思考方式：科幻可以是任何东西、爱情故事、怪物故事，或史诗级冒险。唯一让它成为"科幻"的是对未来科技的一些运用，对未来可能发生事情的一些推断。文塔介绍说，在他很小的时候，小说和真实科学就对他具有巨大的吸引力：

> 小时候就爱上了科幻小说？我现在只能猜测其中的原因。但是，孩子们会如何梦想不远之处和明天呢？他们渴望长大，做一些他们现在不能做的事情……在互联网出现之前，当我刚开始感兴趣的时候，我会花几个小时在书店里翻阅关于机器人、空间和时间的科学书籍，以及任何吸引我眼球的东西。科幻小说确实要求你去创造，而寻找灵感最实际的地方是现实科学世界。《精神机器时代》（The Age of Spiritual Machines）、《生化电子人手册》（The Cyborg Handbook）及其他书籍都堆在我的书桌上，这些年来我一直在写一部叫作《硬连线》（Hardwired）的原创剧本，后来它成了《我，机器人》电影的剧本。如果科幻小说作家不睁大眼睛了解各个学科的真实情况，就会像一个决定关掉自己感官的人一样，坚信可以用自己的想象力创造一切，而不再需要去看、听、闻或品味这个世界。这可能会持续一段时间，但他再次睁开眼睛时会发现，整个世界已经离他而去。别误会我：科幻作家和任何人一样可能会对明天所带来的一切感到惊讶，因为我们相信我们在做最重要的事情，但事实很可能会使我们更加目瞪口呆，但我们至少有责任去尝试。

Pepper 是一款专为家庭用户设计的社交机器人，由法国阿尔德巴兰（Aldebaran）机器人公司为软银移动（Softbank Mobile）开发，于2015年发布。软银集团（Softbank Corp.）首席执行官孙正义（Masayoshi Son）表示，Pepper 的灵感来源于他对铁臂阿童木（Astro Boy）的童年记忆（Kambayashi，2015）。铁臂阿童木是日本动画师手冢治虫（Osamu Tezuka）在20世纪50年代早期创作的一个非常受欢迎的日本动画机器人角色。在最初的故事中，阿童木被其创造者赋予了机械心脏和人类情感。因此，类似地，Pepper 也被赋予了一颗"心脏"，可以表现出类似人类的情感，以及识别和判断与人类互动中观察到的情感线索。事实上，Pepper甚至会出现哭泣的模样，其眼睛周围的灯光闪烁仿佛是涌出了泪水。

在政治领域，科学家们主张尽量减少或禁止制造和使用致命性自主武器（LAWS）和致命性自主机器人（LARS），他们关心的是，对构建这类系统的伦理考虑和相关政策保持公开讨论。各类团体组织不断游说人道主义团体和政府机构禁止、解除和废弃这些系统。最初，这些游说者面临着就这些问题展开对话的要求的性质的怀疑，因为他们拒绝接受这些自主武器问题的现实，反对者用科幻小说这个词来使这些问题边缘化。在媒体对这些问题的报道中也使用了类似的虚构参照物，现在反自主武器团体本身有时也会使用这些资料来表示其他广泛公认的含义。例如，如果这些系统被广泛使用，人们就会意识到潜在的巨大危机。正如《外交政策》杂志的一篇文章（McCormick，2014）所述："杀人机器人几十年来一直是科幻小说的主要内容，但随着人工智能的迅速发展，可能很快会迎来致命性自主机器的时代……越来越多的批评者认为机器不应该被授权杀人……但你会把钱花在哪一个上面，联合国还是天网（Skynet）？"

任何一名活跃的社会成员都无法摆脱文化的影响。人们将故事作为试金石、互动模型，提出新的想法，并作为对人机交互期望的范例。这些思想往往会自然地融入人们的作品中，反过来又使一些植根于虚构的概念得以延续，并通过文化的连通性影响其他概念。记者、机器人学家、政策制订者、执法人员和军人分别讲述他们自己的故事，并且是社会行动的参与者，相互交流关于与机器人共同生活的信念和期望。同样，作为文化的一部分，科幻小说这一参照物就像真实生活中的故事一样，将随着时间推移及技术和社会的变化而演变。

第二章
排 爆 故 事

　　本书是在以加深理解美军日常机器人交互为目的的研究的基础上撰写的。为了将这一庞大的总体目标简化为一项重点明确、切实可行的研究，最后目标集中在军队中每天与机器人互动的士兵个体身上。在这项工作开始时，EOD 人员是最容易确定的人群之一，他们在服役期间几乎每一天都与机器人互动。像任何一个文化群体一样，EOD 人员有意识、无意识地共同创造了与这些事物相关的共享知识、人工物品及意义的集合。对于许多 EOD 人员来说，由于其服役职责的性质和工作相关机器人使用的共同经验，使机器人成为该系统的重要组成部分。通过将 EOD 人员作为探索机器人经验的群体，这项研究深入考察了首批将机器人作为其通用工具包组成部分的群体的结构、工作方式和军队内人–机器人交互的社会起源。

　　该研究中的资料包括问卷调查结果及士兵个人叙述。为了获得这些叙述，我们对每位士兵进行了一对一的简短访谈。访谈是一种数据收集方法，也是研究者与被确定为信息来源的参与者（在本书中指的是 EOD 专业人士）之间的结构化社会互动。如果在访谈过程中调查被访谈者的信仰、态度和经验，那么这些信息就其现状而言是高度语境化的，因此被认为是局部知识。在对适当样本的参与者进行访谈，并利用他们的回答研究访谈回答中出现的新模式时，结果分析可以帮助确定哪些领域值得进一步探究，或者拥有足够大的数据集以产生概括性的知识主张。

　　该项研究的分析过程着眼于大型机构（即美国军队）与部队士兵个人现实世界经历之间社会现象的产生方式，这些社会现象涵盖了从应征入伍开始的军队职业生涯各个阶段。这类研究重点关注文化和情境对于理解社会所发生事情的重要性，并利用这种现象理解方式来构建关于态势情境的新知识。社会建构论（social constructivism）的思想根植于人类感知现实、知识和学习的具体概念。根据这一前提，现实是通过人类活动构建的；社会成员创造了他们周围世界的属性（Palinscar，1998；Kukla，2000）。因此，现实是在其被社会发明之前并不存在的东西。同样，知识也是人类的产物，是由社会和文化建构的（Gredler，1997；Prawat et al.，1994）。

因为个体通过与他人和环境之间的互动来产生意义，从这个角度看，学习也是一个社会过程。因此，学习不是只发生在个体内部的事情，而是由个体与外部力量相互作用塑造的一个主动过程（Vygotsky，1986；Palinscar，1998）。当个人参与社会活动时，就会进行有意义的学习。因此，开展协作学习也是一个发展共同"社会世界"的动态过程（Palinscar et al.，2002）。

另一种观点是考虑人与其社会关系和环境之间的整体、动态的相互联系（Bredo，1994；Gredler，1997）。作为这些协作过程的结果，学习不是与环境分开进行的，而是作为与环境持续交互的一部分进行的。如果个体的角色和责任发生变化，那么群体成员之间的社会和相互关系以及他们所处的视角也会发生变化（Bredo，1994；Gredler，1997；Palinscar et al.，2002）。

社会群体的特点之一是它是由基于共同兴趣和想法进行互动的个体所组成的集合。观察世界和理解思想、经验及事物之间联系的方式，通过群体成员之间的协商得以发展和演变（Gredler，1997；Prawat et al.，1994）。这种对意义及个体之间随后共同理解的建构构成了他们交流的基础，被称为互为主体性（intersubjectivity）（Rogoff，1990）。对意义和理解进行这种共同协商的一个例子就是语言，它是一种在群体内理解的工具和符号系统，用于协调正在进行的学习（Duffy et al.，1996；Palinscar，1998）。所有成功的交流与互动都需要运用和理解社会认同的观念及社会模式（Ernest，1998；Vygotsky，1986）。因此，互为主体性是交流的基础，有助于人们在群体成员之间扩大对新信息和新活动的理解（Rogoff，1990）。

互为主体性也适用于我们对工具的理解和使用，以及如何和为什么创建了工具。任何时候，当一种工具被开发并成为常用工具的一部分时，它就会改变用户的任务，这反过来又会改变用户与环境中所有其他事物的交互方式。对于像机器人一样鲁棒（robust）的工具，承载着设计者、用户和交互观察者对其特性和使用的文化期望。将机器人技术融入日常交互中的重要目的就是改变人类的角色和任务；其一旦取得成功，人类的任务和角色就会发生根本改变。

机器人在军队中通常被定位为向士兵提供支持的工具，在某些环境和情况下，甚至可以作为可接受的人类部队替代者，在人类干预或指导下执行任务（Finkelstein et al.，2003/2004；Lin et al.，2008；Magnuson，2009）。EOD机器人是一个很好的技术实例，有助于理解部分环境活动的互为主体性。机器人的角色能够支持任务和创建新的活动，因此可以改变操作人员的关注点和他们对情况的后续了解。

根据社会系统理论，系统是由它自身及其所处大环境之间的边界来定义，将其与复杂的外部世界相分离（Viskovatoff，1999）。因此，系统内部是复杂度降低的区域。系统内部的通信功能是通过系统成员选择外部所有可用信息的有限数量来实现的。系统信息的选择和处理标准是其具有的意义。然而，系统既包括物理的和可观察到的行为，也包括主观的和不太容易具体量化的内部和个人动机、偏好、情感及意图等（Viskovatoff，1999）。

在本书中，第 4 章介绍了 EOD 微系统（Bronfenbrenner，1979）或 EOD 人员及其同事的直接工作环境，概述了人员、操作环境和日常任务。此外，通过阐述 EOD 共同科目训练及与工作场所以外更大范围 EOD 文化和军事组织共享经验之间的联系，解释了中间系统（mesosystem）或不同微系统（microsystem）之间的关系。

这种社会系统数据处理方法的理论基础与人机交互（HRI）研究中的传统主题分类，如任务、环境和社会建模等非常吻合（Burke et al.，2004）。因此，初步研究是将 EOD 人员置于其组织、操作环境、工作相关任务的更大系统中，以阐明 EOD 领域人机交互发生的条件和环境。

第二部分

隐　　喻

人机交互是一个交叉学科领域。通过其他学科寻找理解人类与非人类复杂情感联系的模式，是特定研究领域之间不断交流思想的一部分。这种多方位的思想交流也展示了如何增加跨领域知识的丰富性。

语言隐喻（linguistic metaphor）作为一种快速简略的沟通交流方式，在日常语言中每天都会被使用。语言隐喻即在词语通常意思之外加以使用的一种方式，以便在不同观念之间传达观察结果。因此，隐喻不仅是口头或书面的语言，而且固定在人类的思想、观念、信仰和先入之见中。它是一种跨越知识领域描绘事物并与抽象概念相联系的方法（Lakoff, 1992），是一种基于经验的过程，既基于个人经验，也基于一部分更大社会系统的经验。与隐喻相似，转喻（metonymy）概念是一种直接源于某一刺激的连续性过程，指的是词语和表达被用作另一种事物的替代或简略表示，用以描绘类似的关系。但转喻通常意味着事物和个人经历之间存在直接联系，而隐喻则通常被认为是一种理解或解释已考虑或已相信事物的方式，并不一定需要直接的经历。

本章介绍了人与其他事物之间交互的两种模式：人–军犬依恋和人–物依恋。这些例子不仅可作为人类与非人类事物交互的模型，而且可作为人们现在如何看待机器人的隐喻，以及人与机器人交互如何随时间变化的潜在知识源泉。在理论构建中，模型同样也是隐喻的一种。在某种程度上，它也是一种简略表达方式。模型通过与借助现有理论已经被理解的事物进行比较，从而对新的现象开展研究。

我们选择哪些模型进行考察面临的挑战之一是，使用一组现有概念来探索未知概念并不是一个条理整齐的过程。从本质上讲，模型只是部分地类似于其他事物。在发展理论时，有效使用模型的关键是选择合适的模型，并确保所使用的模型与所研究现象的已知情况并不相矛盾。作为理解其他事物的手段而选择的模型也必须通过内部和外部有效性的测试，并植根于具备逻辑比较性的系统中。然而，隐喻或模型的本质是两个相互比较的事物，它们不会完全匹配。相反，正是已知与未知之间的这种矛盾对立关系，最终协调了对两者之间相似性和差异性的任何理解。因此，理论模型并不是新思想的替代品，而是通过提供理论构建框架来支撑新知识的构建。

第三章
我们的情感引擎

在讨论协同工作环境时，需要解决几个基于情感的相关概念，因为它们会影响团队合作或人际协同工作场景中的人类决策：①纽带联系；②团队凝聚力；③信任；④依恋。团队特征中这些重要的情感因素是当前研究和争论的源头。

群体凝聚力（group cohesion），通过纽带联系将群体中的个体联结在一起，将社会和任务导向的纽带联结因素与感知到的群体团结和情感因素相互结合在一起（Forsyth，2010；Johns et al.，1984）。群体凝聚力中社会层面的基础是成员与群体其他成员和整个群体的关系。这种凝聚力可以是正式和非正式的社会结构（Kirke，2009）。EOD人员作为更广泛军事等级体系内的一个特定亚群，其群体凝聚力非常正式。

这种结构也非正式地存在于EOD人员的一组观念和规范中，这些观念和规范可能未被明确命名，但却形成了一套对行为和动作的约定和期望。EOD工作的相关实例（Wong et al.，2003）在讨论社会凝聚力时提到，共同战斗创伤是士兵之间建立纽带联系的一个有利条件。群体成员之间强有力的非正式纽带联系有助于形成整体凝聚力，一组更为正式的、结构明确的目标也是如此约定（Kirke，2009）。必须指出的是，凝聚力并非一成不变，而是涉及群体内所有个体的动态性、持续性协商，并在很大程度上取决于运行结构（operating structure），或任务、目标及使命的共同合作（Kirke，2009）。

纽带联结可以被描述为与他人发展强有力人际关系的过程。人与人的纽带关系不仅仅是喜欢另一个人。纽带联结的过程是指随着时间推移而逐渐发展的人际关系。在当前技术发展阶段，机器人无法回报情感、亲和力、共情或其他复杂的人类情感。因此，本章讨论的任何纽带联结模型均指单向模型，即人对机器人的纽带联结。人与人之间的纽带联结过程可以发生在社会和任务相关的任何组成部分（Eisenberg，2007），包括任务凝聚力，它指的是团队成员共享集体目标并共同努力实现这些目标的程度。

纽带联结可以将情感和信任作为其定义的一部分。纽带联结过程降低了消极压力，是人与人之间相互分享的活动。依恋理论（attachment theory）（Bowlby，1973、1980、1982）提出这样一种观点：一个人越花费时间密切接近另一个人，相互之间的情感纽带就越能通过情感（affectional）或情感纽带（emotional bond）得到加强。

情感纽带是人类在本能上始终寻求的东西。历史上，关于依恋的很多研究主要针对亲子关系或夫妻关系。情感纽带将在一段时间内显现出来，并且持续存在，而不会转瞬即逝。这种依恋过程和纽带联结的理论适用于人际关系的特定方面。当人们在情感上或身体上受到伤害，甚至感觉到对自己的威胁时，依恋被视为一种可以补救这些情况的行为系统。

这种纽带联结的情感特征可以产生相关的行为结果，如当一个人希望与其有情感纽带的人保持接近或接触时。此外，与依恋对象分离会导致不同程度的痛苦。当被视为与受信任的他人建立纽带联系的一种方式时，依恋可以帮助调节压力，帮助界定那些被认为能够在生理和情感上安全与获得支持人员的范围。情感依恋的另一个标准包括个人在纽带关系中寻求安全感和舒适感的需要。

类似地，信任建立在与某人或某物的先前经验和互动基础上，并有助于形成对这些人在未来可能如何表现的预期。建立信任还可以包括看到他人保护他人福利的真诚关怀和关心的个人动机。信任也是人与人之间功能关系的一个基本要求，以确保集体目标和成果能够有效地协作实现。汉考克等（Hancock et al.，2011）将信任定义为"智能体相信，具有影响力的他人不会实施有损其福祉的行为"。根据这一定义，人类对机器人行为和可靠性的信任对于形成有效的人机交互必不可少。信任也是对情境和他人学习的结果，因此是社会系统中的嵌入过程，也是管理关系和环境期望的一种手段。总之，信任是所有社会关系的重要组成部分，也是个人预测未来的一种手段。它是人际关系中的一个关键因素，因为它通过态度、行为和感知影响交互结果。在 EOD 工作或可能危及生命的类似人机合作情况下，操作人员对机器人的信任问题尤其值得关注，因为人们必须依赖机器人来保障自身和他人的安全。

过往的互动经验可以用来建立框架，了解他人在特定情况下可能会做什么。此外，这一信息可被用来建立越来越多的预测模型，预测他人平常可能做什么。因此，信任也是预测人们如何对待他人的重要因素。人类选择信任某人（或某物）的一种方式是，确定通过互动信任所获得的益处是否比风险更大。因为信任根植于对另一个人的了解和期望的过程，所以人们普遍认为信任决定完全是理性的。信任简化并减少了用于预测人和事物将如何行动、工作或表现的复杂期望的集合。然而，信任同样受到对他人感知到的社会类别关系的假设、感觉、判断和态度的影响。即使采用这种看不见的、不断发展的内部启发式方法来确定对他人的信任程度，信任或不信任队友或工具的相关行为也会产生可观察的结果。

人类信任他人的需求源于一种本能，即预测他人的行为以保护自身的安全。因为不可能预测其他人在每一种情况下的行为，所以信任他人总是有可能产生不利后果的风险。因此，信任行为是持续的、动态的，并且可以随着时间的推移而改变，其期望值会随时增加或减少。如果没有信任他人的能力，人们就必须时刻保持警惕和高度警觉，在情感或生理上这种状况几乎不可能得以持续且正常发挥作用。

在面临风险的情况下，脆弱程度取决于个人能否成功地与他人相互依赖。局势的不确定性增加了相互依赖性，以增加生存机会并将风险降至最低。信任别人会使个人易受其他类型风险的伤害，比如失去所依赖的人。合作不同于信任。有些人可能更愿意与他们信任的人合作，但合作并不一定需要信任。

军事环境似乎是探讨信任问题的终极环境，因为军事组织及其任务的性质为个人和群体的风险和脆弱性提供了某些最极端的条件。军队成员之间需要有效的持续合作，战友之间广泛的相互依赖关系已融入日常生活。从军人最初的入伍训练到整个军事生涯，他们都被教导高效团队合作的有效性。反之，他们也认识到信任错位、无效合作和高度依赖他人的潜在代价，以及在危险情况下增加的风险。对队友和工作工具的信任及信心对于提高生存可能性至关重要。因此，了解哪些因素影响信任的建立发展具有重要的价值。

关于信任的想法通常来自对个人与每天互动者之间关系的理解，或者有时被称为基于个人的信任（person-based trust）。此外，随着熟悉程度因时间推移而逐渐加深，对他人的期望和信念也会得到加强或否定。然而，在人与人之间可以形成另一种类型的信任，而不需要他们之间发生任何直接交互：即基于类别的信任（category-based trust）。当另一个人是以前值得信任的某类人员或群体的成员时，就可能产生基于类别的信任。基于类别的信任也可以来自共同的隶属关系，如与另一个人同为某一群体的成员。这种信任也可以植根于与工作或他人角色相关的训练和经验。同样，利用以前从类似情况中学到的知识有助于评估未知事物的特征，如是否信任某一同事，如果信任，是在什么条件下信任。因此，基于个人的信任在理解模型的基础上构建了类别，是对其环境进行简化的另一种工具。

当遇到陌生人时，个人立即开始使用诸如语调、体态和面部表情等暗示，试图了解另一个人的动机。尽管随着时间的推移，关于群体成员类别和定义的概念性观点逐渐形成并完善，但这些关联性仍然与所有其他可用信息一起被立即使用，以形成快速简便的理解。同样的信息也可用来确定某人是否是自己所在群体的成员。这种对其他人的强烈认同感，如确定具有共同的群体从属关系，可以增加对该人的信任程度。这种情况发生的一个可能原因是，当某个人觉得自己与某一社会类别存在联系时，共同使命与动机的范围就会扩大，不再仅仅评估自己的个人环境，而是将群体其他成员的安全也纳入评估范围。

人机信任模型假设用于确定机器信任的特征包括可预测性（predictability）、

可信赖性、能力、可靠性和责任（Muir et al.，1996；Rempel et al.，1985）。在这种情况下，可预测性适用范围包括机器的行为、操作员预测机器行为的能力及机器系统的完备性。

与人-人间的范式一样，这种信任模型是一种迭代模型，只有当机器有效地、反复地执行期望的行为，并随着时间推移强化对机器性能的积极期望时，才能发展和维护对机器的信任。为了保持信任，需要寻求进行持续验证以匹配对机器的积极期望。对于机器操作员来说，这意味着他们需要根据自己对机器的评估来调整自己的行为。

另一个可能影响用户对机器信任程度的因素是个人对机器设计者的信任。这种信任的一个相关例子可能是某人对机器人公司的熟悉程度及该公司在稳定模型方面的良好声誉。将公司的正面特征与机器开发人员的能力联系起来，继而将这种信念施加到最终的机器上，甚至可在人们实际使用系统之前就建立起信任。同样，实际的机器设计取决于创造者对操作人员相对能力和需求的认识。

操作人员在操作机器时的心理状态也会影响信任水平。操作者的自信心和对自动化系统表示信任的普遍倾向会影响其自身行为。与半自主机器人一起工作，可以用来证明操作员选择何时用他们的人类决策来覆盖自主机器的任何特性。

不同信任模型之间的共性表明，跨系统构建信任的方式之间存在着某种一致性。然而，这一假设并不像看上去那么简单。人-人和人-机信任模型可能具有相似的动力学特性，但社会仍在决定什么样的模型将成为人-机器人信任的框架。

在军队中，从早期入伍训练开始到整个军队职业生涯，凝聚力强的部队中与他人合作的概念无处不在。然而，将与机器人一起工作作为部队凝聚力有效组成的想法似乎并不常见，因为在许多人类-工具的环境中，凝聚力并不一定被认为是重要的。横向凝聚力的一种定义包括了同伴关系、技术熟练度、团队合作、信任、尊重和友谊。然而，这一定义并非固定不变；随着战争性质的改变，产生凝聚力的事物也随之改变。例如，现代团队在远程操作环境中一起工作，但并不一定一起训练或生活，他们必须创建凝聚力才能有效完成任务。

与机器人一起工作的 EOD 人员报告的连贯性信息（Roderick，2010）表明，人类操作员目前对类似机器的 EOD 机器人的信任，推动了在危险情况下部署机器人代替人类的决定。这一发现引发了这样一个问题：如果机器人的设计类似于真正的生物或者被认为栩栩如生，那么这种信任的条件是否会改变？

机器人被称为生物，这并不奇怪；有时是因为人们将人–人交互线索映射到人–机器人交互，有时则是因为机器人似乎存在于一个新的社会空间中。如何将 EOD 机器人展示给员工是另一个值得研究的话题，因为它引发了团队或单位内部对其功能和角色的期望。在 2010 年的一段美军征兵视频中（展示了 89D–爆炸物处置专业士官的工作），机器人的身份被定位为团队成员。视频显示了一个 EOD 小组执行任务的各个方面，队员对着镜头说："我们分成三人一组，[向 QinetiQ 北美公司的 Talon "魔爪"机器人打手势]，这是我们的第四个成员。我们可以把这个家伙派出去，帮助我们完成危险的任务。"陆军中士迪恩（Dean）在视频中这么说。稍后在同一段视频中，米切尔（Mitchell）上士表示："我们的机器人司机也叫迪恩，所以我们称这个机器人为迷你迪恩。"不管这些说法是机械地背台词还是真实的心里话，事实是这个机器人被视为团队成员及用户（迪恩中士）的延伸。

这种情况可能会影响观测者与机器人互动的方式——主要是以社交或相互依赖的方式，而不是将机器人定位为坦克或步枪等没有生命的工具。从武装部队预设的角度来看，机器人确实是作为 EOD 人员的一种替身或是其身体自身的延伸。这种有目的地向公众传达的信息，即机器人作为延伸和拯救人类生命的工具，在解释这种技术表现形式时有许多潜在的含义。的确，机器人对于 EOD 人员是一种有价值的工具，可以在危险情况下执行任务来拯救人类生命。然而，将机器人不准确地表示为具有团队中人类成员的类似特征，会将机器人定位于一种新的社会环境，这种社会环境会赋予机器人比工具更大的价值，从而使这种技术在战争中的使用合法化，但同时也会使其使用机会最小化。因此，这种表示方式可以使这项技术的理念更适合潜在的新兵及其他受众，让他们放心，机器人可以无缝降低人类生命的风险，并且是以一种可以理解的、人性化的方式做到这一点。

毫无疑问，在危险情况下明智地使用半自主机器人会提供战役和战术上的一些优势。机器人可以承担以前由人类完成的危险任务，将人类的生命风险降到最低；机器人不受化学和生物武器的影响；机器人增加了使用者或操作者的耐力、敏捷性和力量；并且机器人的设计可以影响人类操作者的态势评估能力。然而，尽管认为类生物机器人在执行特定任务时可能非常有效，但它仍然可以在用户中引发无法预测的情感，具体根据情况而定。

情感是功能正常人类的重要组成部分，与他们的行为和反应密切相关。人们评价环境和他人的方式可能会导致痛苦、宽慰、期待、希望、挫折、骄傲、厌恶、喜爱、蔑视、惊讶、恐惧，以及人类用来自我反省、在环境中采取行动、评估世界上的人和事的无数波动状态。

弗洛伊德在一部关于哥特式恐怖文学作品——《怪怖者》（The Uncanny，1919）的精神分析中声称，诡异感（uncanny）是引起恐怖感的原因，当一个人或一件事物同时表现为陌生和熟悉时就会发生这种情况。此外，弗洛伊德解释说，当事物"能够独立活动"时，它们就会特别诡异。莫里（Mori）绘制了一幅示意图，用于阐释他关于人类情感及与类人机器人互动的理论，该理论称为"恐怖谷"（uncanny valley）。"山谷"这个词指的是莫里图形中 y 轴（熟悉度）的倾斜角度，显示了人类反应积极性与机器人逼真性的函数关系。莫里的理论指出，机器人的外观和运动越像人类，人类对机器人的情感反应就越积极和富有同情心。然而，当机器人实体与活生生的人几乎无法区分时，就会达到图形 x 轴（类人性）上的一个点，将人类反应推向强烈的排斥感。

莫里还假设反之亦然；随着机器人的外观与人类的区别越来越小，情感反应再次变得积极，接近人与人之间的同理心水平。因此，机器人的外观和运动在"可能是人"和"认为是人"两种实体之间所引起的排斥反应，在图形中呈现为"下降"区域并被称为恐怖谷。这一诡异性（uncanniness）理论的意义是，人类可能会觉得看起来太像人类的机器人令人不安，也许是因为它们属于一个无法确定的事物类别，某种程度上类似于有机体，但显然又不是生命。因此，用户对机器人诡异性的任何最初感知都有可能在某种程度上分散操作者的注意力。

国防工作中的一个重要问题就是应激压力，或者更确切地说是任何扰乱个人正常功能的变量。应激通常有两种不同的心理模型：刺激型和反应型。然而，这两种模型大多植根于研究环境下的刺激，可以忽略个人特质和体验。要深入理解应激相关人类情感和行为，更全面的方法是对环境、情况和场景进行调查。因此，一些应激领域的专家认为，并没有完全绝对的心理应激源，它们可以对某一个人造成应激，但对另一个人的情绪或行为影响却相对较小（Stokes et al.，2001）。

更适合这类研究的是交易模型（transactional model）的概念，该模型假设应激压力是个体与环境之间的动态互动，强调个体的态势评估在塑造其反应中的作用（Lazarus，1966；Lazarus et al.，1984；McGrath，1976）。应激的一种定义是"个人对任务或态势需求的认知与他们对应付这些需求所需资源的认知"不匹配（Stokes et al.，2001）。请牢记这种描述，应激不一定总是表征为某些消极的东西。

应激依赖于情绪、环境、个人特征及个体间和个体内的互动，影响人们的认知和决策能力，从而影响简单任务和复杂操作的结果（Lazarus，2006）。然而，研究应激本身并不能告诉我们个人如何适应短期或长期的压力。结合情感和依恋理论来研究应激，可以使我们了解更多关于人们如何评价和应对他们的处境。对应对措施的更好理解，有助于发现人–机器人团队成员之间复杂社会关系的实际解决方案。

虽然应激通常被定义为消极的情绪和联想，但某些应激条件实际上可以通过触发激素分泌或其他维持体内平衡所必需的生理反应来帮助个体生存。当个体感到困惑、沮丧或挑战时，他们通常会意识到应激源的存在。从事国防、太空探索和人道主义救援工作的人员往往处于各种情况之中，如人身安全受到威胁、与队友形成生命依赖的社会关系、可能需要在危险或敌对环境中执行日常工作的有关任务等。对负面应激的反应从轻微焦虑到衰弱性精神障碍等不一而足，在这些情况下负责人员的组织必须意识到它如何影响更大范围内的个人福祉。

不管出于什么原因，应激都可能影响许多重要的任务和行为，这些任务和行为是 EOD（或其他）工作的关键内容，如注意力处理、任务管理、工作记忆和决策（Staal，2004）。然而，这项针对 EOD–机器人互动的初步研究，重点并不是泛泛地宣称，任何特定的任务、情况或环境都是 EOD 人员的应激源。相反，这项工作探索了人–机器人之间的关系，试图发现这种动态关系是否包括了引入应激源的变量，如果是，则开始定义和确定人–机器人互动的哪些方面会导致负面应激压力。

第四章
与非人类事物的重要联系

一、道德上重要的依恋形式

　　某些类型的依恋可能被认为在道德上非常重要。人们理所当然地认为，某些类型的依恋是存在的，比如财产。如果这些财产被毁坏或拿走，主人可能会变得心烦意乱或苦恼，如果他们对这些东西没有一定程度的依恋感，他们就不会那么难过。依恋他人非常重要，不能发展或保持对他人的依恋被认为存在严重问题，是行为异常的标志，甚至是需要解决的心理问题。有时，对宗教或文化认同等信仰的依恋在道德上被认为是合法的，而威胁这些依恋的行为在道德上是错误的。显然，这些依恋形式在人们的认同感和心理幸福感中扮演着不同的角色。人们可能会因为其审美价值或实用性而依恋个人财产，但宗教、文化或民族认同与自我意识的联系更为紧密。

　　通过确定依恋的重要性，违反这些结构的某些行为在道德上被认为是错误的。例如，限制某人的宗教信仰自由被认为是一种道德错误，因为它打击了身份、自我和文化之间的联系。

　　然而，也有一些依恋形式在道德上并不重要。即使对某一虚构角色的真诚依恋非常普遍，但也不被视为是认真的。一般来说，人们不相信虚构角色受到伤害会构成真正的道德错误，即使那些依恋这一角色的人会变得心烦意乱。事实上，对虚构角色有强烈依恋感的人往往被视为不正常，人们认为他们应该减轻依恋感，承认这种依恋并不"真实"，或者这种依恋会抑制其作为社会一部分有效发挥作用的能力。

二、 对机器人的依恋具有道德意义吗

从表面上看，对机器人的依恋类似于对虚构人物或假想朋友的依恋。机器人是与人类在现实世界中互动的真实事物，但与它们互动的人类有时会赋予机器人不切实际的社会建构（social constructions）或类人品质。从这一思路中产生的一个问题是，是否应该积极劝阻人们与机器人建立联系。毕竟，机器人不是生物。然而，机器人不同于虚构的人物和假想的朋友，因为它们真实存在于这个世界。它们可以进行定制以反映主人的喜好，并与人、其他机器人及其环境进行交互，甚至可以成为其控制者的自我表达形式。通过这些方式，机器人可以更紧密地与个体的个人身份联系在一起，而不是一个虚构的实体。因此，如果不拒绝其他类似的依恋形式，对机器人的依恋就不容易被认为是非法的甚或在道德上是没有意义的。

对机器人依恋的另一个担忧是，如果机器人受到伤害或发生其他残损，人类会担心失去它或产生其他痛苦，从而对与机器人有情感接触的人造成情感上的影响。确实，脱离接触可以减少与机器人死亡或损伤相关的压力。然而，依恋与享受和他人交往有关。抑制对机器人的依恋可能会削弱个体与机器人一起工作或参与活动的动机，因为这种互动无法令人愉快，或者不如预期的那样令人愉快。虽然依恋可以补充和加强人–人模型中的信任感或忠诚感，但鼓励人–机交互脱离可能会破坏人们与机器人定期互动的正当理由。此外，试图阻止人类的依恋可能会产生压力，以非直觉的互动形式产生违反直觉的认知障碍。尽管如此，与机器人的情感分离是可能的，在某些情况下甚至可能是理想的状态。

三、 军事作业犬

人与动物之间的团队合作是人与非人之间的关系模型，可以为人与机器

人的关系提供可能的洞察见解。作为伴侣动物和宠物，动物与人类之间的关系方式类似于人类之间的社会交流。宠物和主人之间相互认可、共同参与互动，共同使用为理解对方而创造的想象和期望，并在彼此如何理解对方的态度的基础上共同调整立场和行为。与宠物的日常社交活动通常被认为是互惠互利的社交经历。宠物会因良好的行为而得到奖励，反过来，主人作为成功的宠物看护者也会从宠物身上获得积极的反馈。

宠物和伴侣动物也会根据人类对动物的感知建构来调整行为方式。伴侣动物被认为是敏感的、报答性的，常常融入主人的社会生活和家庭。从这个角度来看，宠物在行动上是该群体的一员，并且也被视为群体的一员。某些人有时甚至给自己贴上"狗人"或"猫人"的标签，宣称自己效忠于最喜欢的动物群体，即使这种说法是故意夸大的，而且带有自知之明、自嘲的意味。宠物已经成为人类的重要组成部分。

人与动物之间的牢固关系对于了解 EOD 与机器人之间工作态势的重要意义，包括以下两方面：

（1）研究表明，人类对机器人的信任和联系在情感上可能类似于人类与动物之间的纽带关系（Billings et al.，2012）。

（2）军队如何划分和看待作业动物，是现在和将来如何对机器人进行划分的潜在范例。这种官方分类反过来又通过明确定位机器人在团队内的社会角色来影响军队。

人与动物之间的伙伴关系非常独特，可以使人们在情感上、生理上和认知上受益（Levy，2007；Wilson，1994）。尽管军事作业犬与训练士兵密切合作，但美国国防部目前将军事作业犬（类似于机器人）归类为"装备"（*Robotic Systems Joint Project Addendum : Unmanned Ground Systems Roadmap*，2012）。军事作业犬的这一分类源于军方目前对资产分配只有两种选择：人员或装备（Cullins，2011）。然而，士兵们与这些犬科动物建立了牢固的情感纽带，将这些犬科动物视作团队的一部分，而不管其所属的正式的"装备"分类。由于士兵与这些动物建立了牢固的联系，他们发起了一个充满激情的军犬倡导运动，提议将作业犬的军事分类从装备改为人员（或第三种：未指定类别），旨在发起和明确军犬退役后的长期照顾和养护相关政策（Cullins，2011；Rizzo，2012）。

人类社会对待动物的方式似乎是矛盾的。我们家里的动物或宠物被认为是家庭成员，但在家庭之外，我们与动物的关系将会发生变化（例如，工作动物、野生动物和作为食物而饲养的动物）。换言之，有些动物几乎被当作人来对待，而另一些则被当作工具来对待。对于后者，人们以各种方式改变或证明他们与作为生物体地位的动物的关系。动物繁育被人们主动操纵，挑选和选择动物成为更好的食物、猎人或伙伴。在军事环境之外，有人建议所有有关动物的法律政策都将其归类为"活产"（living property）（Favre，2010）。

对于人类和动物共同行动来说，军事环境并非一个不寻常的环境。历史上，动物一直被用于战争，狗在战争中的故事可以追溯到古代，因为许多军队都认识到训练有素的狗在战场上的价值。犬类助手在军队中已经被广泛用于运输、武器探测、通信及为战场内外的士兵提供安慰。据报道，截至2012年，美军在全球范围共有 2700 只狗在服役，其中 600 只活跃在指定战区（2012）。

在第二次世界大战中，军队通过"狗狗国防"（Dogs for Defense）计划招募民间宠物参与工作，这些狗的主人自愿提供它们服兵役，接受训练并加入到诸如爆炸物探测等军事作业中。第二次世界大战时期人类与军犬合作的一个例子是，海军陆战队一等兵瓦赫茨莱特（Wachtsletter）写信给狗的主人，告知他们的狗在服役中死亡（National Public Radio，2012）。瓦赫茨莱特在谈到工作军犬塔比（Tubby）时写道："他一直表现得像名真正的海军陆战队员，死时甚至没有呜咽。我们把他和这场战斗中其他真正的英雄一起安葬在了海军公墓……墓碑上安放有十字架，上面写着他的姓名和军衔，他是一名下士。"

"狗狗国防"计划在 1945 年终止，因为借用民用犬并对其进行再培训后，其重新融入原来的家庭时面临许多后勤问题，即狗只接受专业军事训练之后的回归问题。然而，完全由军队拥有的军犬也同样有可能与它们的人类训练师或驯养员建立联系。拉克兰空军基地发言人格里·普罗克特（Gerry Proctor）表示："驯养员永远不会把他们的狗说成是一件装备，狗是他们的搭档。你可

以离开损坏的坦克，但不会离开你的狗，永远不会。"（Rizzo，2012）

事实上，一名驯养员试图收养退役的军犬伙伴却没有成功的故事，为克林顿总统 2000 年签署《罗比法案》（*Robby's Law*）奠定了基础（Sesana，2013）。《罗比法案》允许军犬驯养员、执法机构和申请领养计划的平民领养退役军犬。此外，自 2000 年起，美国国防部长必须向国会提交一份年度报告，说明根据该计划已被领养的所有军犬、等待领养的军犬和被实施安乐死的军犬。报告必须说明所有被执行安乐死的军犬未能被领养而实施安乐死的原因。

军犬的作用和任务多种多样，包括哨兵执勤、空降、搜救和炸弹探测。从本质上讲，狗被用来从事危险和重复的任务，以代替人类（或最近由机器）执行任务。这些狗训练有素，通常被指派给一名驯养员，驯养员每次和一只狗共事数年，包括部署期间。驯养员在军犬退役后领养它们的情况并不少见。

在训练期间，驯养员必须证明其与配发军犬建立关系的能力，这是军犬与驯养员之间伙伴关系的重要组成部分。乔安娜·罗宾斯（Johanna Robbins）中士说："当你（和你的狗）一起部署时，它作为人类最好的朋友达到了一个全新的水平。你的生命取决于它们，就像它们的生命取决于你一样。"（Hurtado，2014）

使用仿生机器人开展的研究已经证明，在某些条件和环境下，赋予机器人类似动物的特征可能有助于支持有效的人机交互（Arkin，2005），使用具有类似动物特征的机器人也会影响人类操作员对机器人智能和能力的感知（Bartneck et al.，2006；Bartneck et al.，2008）。因此，对于与这些机器人密切合作的部队来说，存在着一系列有趣的潜在情感困境，将任何信任、联系或依恋投射到无生命物体上，而这些无生命物体会被摧毁、处于危险之中、被替换、被忘记、被遗弃或被当作任何其他军事装备对待。那些能在情感上激发一个人依恋于另一个人的事物，例如当受到伤害威胁时或者与其照顾者分开时，对安全感或安慰感的需要，都体现了军事作业中从温和到极端方式的实例。

LS3 机器人为四足式机器人，其动作类似于骡子等驮畜。它主要用作后勤工具，承担负重任务，并作为轮式机器难以到达地形开展物资运输的替代手段。可以对 LS3 机器人进行编程使其紧随部队，类似于狗或其他动物。此外，虽然机器人的作用是协助部队，但有时部队也必须照顾机器人。除了一般性维护外，机器人有时还可能会失去立足点而翻倒，这至少需要一名士兵予以帮助。虽然任何工具都需要定期维护才能正常工作，但人–机器人相互依赖的本质有时会复制人类–动物照顾的类似情况。由于这些机器人正在接受测试并被编入部队，一些新闻报道了部队对这些机器人的情感联系，如给机器人取名字，以及士兵们将其与机器人的关系描述为就像他们"喜欢狗"一样（Dietz，2014）。

四、物品依恋

定义物品依恋（product attachment）的一种方式是将其定义为与特定物品的情感纽带。与人类之间的依恋一样，这种关系意味着个体与其他事物之间存在着紧密的联系，但在这种情况下，这一其他事物是消费产品。人们普遍认为，孩子们会依恋安慰性玩偶，成年人会为从他们喜欢的公司得到最新产品而感到自豪，士兵会给他们的步枪取名字，飞行员会给他们的飞机取名字。人们更关心这些对他们有意义的东西，即使清楚地认识到这些有意义的东西"只是"无生命的物体。随着时间的推移，由于在使用产品或与产品互动时反复出现愉悦体验，对象变得具有意义。如果这个特定的物体被丢失、拿走或毁坏，个人可能会经历不同程度的情感困扰。

巴塔比（Battarbee）和马泰尔马基（Mattelmaki）描述了人类–物品依恋的三种类型，这三种类型与人–人依恋的主题密切相关。第一类是"有意义的工具"（meaningful tool），由于目标对象被视为一种高价值能力的符号，所以会产生人类–物品依恋。第二类是"有意义的关联"（meaningful association），人类–物品依恋存在于目标对象与有价值文化意义的关联中，如该物品属于一个特定的社会群体。第三类揭示了人–机器人依恋的复杂性。这一类别提出，个人可以将物品视为"有生命的物体"（living objects）。在这种情况下，物品"是陪伴了个人很长时间的伴侣，被认为具有个性、灵魂、性格，并受到爱护和照顾"。影响物品依恋的其他因素包括与物品相关联的自我表现感，或者目标对象是否与以某种方式使个人更为独特的想法相关联。与物品相关的记忆，意味着一种纵向的关系，也会影响对物品的感觉和行为。情感和依恋常常交织在一起。人类的行为表明其对那些对他们具有上述意义的物品提供承诺的程度。如果某人对物品有强烈的依恋感，他们很可能会非常小心地照顾物品，必要时进行维护修理，甚至在物品使用发生故障时推迟对其的更换。需要注意的是，虽然所有这些因素都与刺激物品依恋有关，但它们应用于物品设计策略以影响人类行为的程度各不相同。例如，它将提高用户依恋的可能性，开发可定制的产品或能够满足用户个性化需求的产品。然而，人们可能会选择定制目标对象，甚至是机器人这样的复杂系统，而不是通过相对简单的行为（如给它取一个独特的名称）或通过更复杂的过程（如动手改装产品）来实现这种设计意图，从而使其对用户具有特别意义。

基于目前对人–机器人交互的理解，考察人–计算机交互（HCI）的研究，尤其是人们为什么以及何时将性别和礼貌等人类品质赋予甚至没有生命的机器的理论，是有意义的（Reeves et al.，1996；Nass et al.，2000）。许多人亲切地给他们的汽车、船只、洋娃娃甚至武器起名。孙等（Sung et al.，2007）的研究结果显示，超过三分之二的受试者给他们的"伦巴"（Roomba）家用真空机器人取名字，许多人给这个真空机器人赋予了性别，称之为"他"或"她"。

里夫斯和纳斯（Reeves et al.，1996）的"计算机是社会行为体"（computer as social actors，CASA）理论提出，人类无意识地赋予计算机介导技术能动性、个性和意向性。类似地，将机器人的外观、行为、角色和用户预测的人类意向性相结合，为机器人用户创建了依恋相关反应的复杂混合体，其中，对机器人作出反应的驱动力就好像它是人类一样，这与机器人是机器的认识是不一致的。

人–机交互研究的中心主题之一是人们如何以及在何种程度上将计算机人格化，并为计算机功能赋予人类品质，其中特别强调了人类对不同通信技术进行反应的社会方面。这类研究表明，人类与介导技术之间的关系从根本上讲是社会性的，这意味着通常与人际关系相关的社会动力学和制约因素也适用于介导技术的交互（Reeves et al.，1996）。

2012 年，迈克尔·科尔布（Michael Kolb）进行了一项研究，专门考察了高应激军事作战环境下人类和机器人之间协同工作的动态关系。基于 746 名参与者（士兵）完成的一项网络调查结果，科尔布比较了在相同应激作战条件下形成的人-机器人之间纽带关系和人类-人类之间的联系。根据这些发现，科尔布得出结论：①并没有确凿证据证明，在战斗环境中与机器人一起工作会增加人与机器人之间的纽带，但高应激环境可能有助于纽带联结关系的最初形成；②在军事环境下，人类对机器人的情感依恋观点在其研究中没有得到证实。不过，科尔布也承认，在这种人-机器人军事场景中，人-机器人依恋的观点"可能随着机器人的发展进步而在未来发生变化"。这项工作检测了士兵在最近一段时间内的反馈，并展示了在这段时间内及军队各种各样工作中自我报告的信念和态度。然而，依恋的过程并不是一个即时的过程。随着时间的推移，关于士兵和机器人的依恋和纽带关系研究需要不断重新评估。

关于人-机器人交互社会性的开发和应用，已经有了颇具前景的研究，这些研究是通过一系列机器人开展的，这些机器人在智力、行为、外观、能力和自主性方面各不相同，并且在不同的场景下进行了研究（Breazeal et al.，1999；Breazeal，2003；Fincannon et al.，2004；Fong et al.，2003；Fussell et al.，2008；Yanco et al.，2004）。机器人社会性的一个方面，以及与之紧密联系的对象人格化概念与当前 EOD 机器人的使用环境密切相关，目前正在研究人-机器人日常交互是否会影响操作者的决策，如当机器人被用户或任务置于危险境地之中时。与一般机器人相比，人们更愿意将与之互动的机器人人格化（Fussell et al.，2008）。钱德勒与施瓦兹（Chandler et al.，2010）提出，产品设计中某些方面的人格化可以产生积极的效果，如可以增加拥有者维护该对象的行动努力。但钱德勒和施瓦兹也解释说，在社会系统中，人们不愿意轻易替换亲密对象，他们的发现表明，相同的厌恶情绪也适用于人格化财产（anthropomorphized possessions）的替换。社会规范和个人依恋是影响这种替换犹豫（replacement hesitancy）的两个重要因素（Heider，1958）。

此外，具有特殊情感意义的对象被其用户视为具有独特性，使其与其他类似对象相区分，甚至是那些在外观上无法与其他对象区分开的物体。因此，即使是大量生产的物品，如汽车、泰迪熊或机器人，其可感知特性也不是人们用来处理对象偏好的唯一评价因素。人们有时会将物体属性与对象物理性质之外的东西联系起来，形成对该对象不太实际但同样有意义的信念，以及他们如何使用它并与之互动。在这种情况下，会产生关于依恋的更细致问题，如哪些人更有可能形成这种类型的依恋，以及哪些物品依恋过程会因用例场景（the use case scenarios）而加剧或减轻。

关于类人机器人的发展，一派学者认为，必须有不同的"类型"设计，根据机器人的功能、角色和使用环境，使机器人的外观和行为设计或多或少类似于人类或生命。除人格化之外，在仿生机器人 Pleo 的实验中，还发现了一个引发操作员对机器人共情的类似问题（Rosenthal-von der Pütten et al.，2012）。研究参与者在与恐龙机器人 Pleo 进行互动之前，首先观看机器人 Pleo 的视频，视频中 Pleo 要么饱受折磨，要么处于正常的、不受折磨的环境中。研究结果表明，在观看视频之前与 Pleo 互动过的参与者，在两种视频场景下测得的生理唤醒（physiological arousal）都较高。类似研究证实了来自索尼等公司的独立报告，索尼公司在 2006 年停止生产其大受欢迎的机器狗玩具 Aibo，这让热情的 Aibo 爱好者感到失望。其中一些玩具机器人拥有者哀悼的不仅仅是机器人停产的损失，还有索尼公司 2014 年宣布停止对 Aibo 提供维修支持（Walker，2015）。机器狗正式维护系统的这种解体，不仅导致 Aibo 主人自发组建维修和支持群体，而且催生了新的仿生宠物"兽医"产业。

既往的人-机器人研究表明，过去当人们在研究场景中进行自我报告时，往往不承认他们将机器人视为社会存在（social beings）（Kolb，2012；Carpenter et al.，2008；Carpenter et al.，2006；Nass et al.，2000；Reeves et al.，

1996）。然而，正如 Pleo 机器人所展示的，当这个有点像动物的机器人受到折磨时，参与者承认也会产生负面情绪（2012）。随着机器人以各种不同角色融入我们的日常生活，我们对机器人一般概念的熟悉程度将发生变化。

罗森塔尔·冯·德·普顿等的另一篇有趣的论文（Rosenthal-von der Pütten et al., 2012）研究表明，参与者的孤独感会影响他们对机器人 Pleo 的情感和共情水平。孤独的人可能会采取各种行为来缓解社会孤立的痛苦。艾普利等（Epley et al., 2008；Epley et al., 2008）提出，孤独者试图缓解人际关系脱节的一种方法是将诸如"机械装置"等非人类因素人格化。这种探究脉络为那些在部署和执行任务期间与家庭和家人分离的军人开辟了一条可能的情景之路，值得进一步研究孤独感的影响、家用机器人的人格化及其对决策的影响。

然而，根据罗森塔尔·冯·德·普顿等人的研究（Rosenthal-von der Pütten et al., 2012），人们在观看视频之前与机器人 Pleo 仅有 10 分钟的互动时间来熟悉它，这段入门式的时间不足以形成牢固的依恋纽带。鲍尔比（Bowlby，1973，1980，1982）依恋理论的一个基本前提是，生理或心理威胁（如评估未爆炸弹药、队员受伤或死亡）会自动激活依恋系统，该系统的目标是与给予支持的其他人（supportive others）保持接触。因此，了解机器人何时被用户视为"支持性他人"，是了解如何平衡人与机器人之间的动态交互以创建最有效和最安全人机交互（HRI）场景的关键因素之一。此外，了解具体情况、机器人设计、操作者个性、训练等因素有助于形成支持性他人角色的细节，也意味着有可能操纵这些特定因素。反过来，有目的地改变这些变量将有机会以最适合安全完成任务的方式，增强或减轻人类操作者对机器人的依恋。

第五章
机器人的修辞设计

  情感影响着人类处理问题和解决问题的方式，这显然是一种修辞（rhetoric）功能，在这种情况下就是说服性设计（persuasive design）。人们如何选择设计产品或使用产品，甚至是否使用产品，部分取决于情感驱动的创造性解决问题的方式。以人或动物的某些特征为模型的机器人具有很高的实用价值。然而，机器人中有意识的类生命逼真设计，立刻将它们推向了一个跨越人类–人类/动物和人–机器人关系的角色。拟人化（anthropomorphism）描述了人类倾向于将真实或想象的非人类行为体的行为赋予类似人类的特征、能动性、意图或情感；而拟动物化（zoomorphism）则是指类似的概念，即本能上将类似动物的特征灌输给不一定是动物的事物。必须明确的是，人类倾向于赋予机器人类似生命的品质，而且这种倾向发生于解读各种线索时，而不是仅仅依靠机器人的外表。

  像机器人这样的复杂系统可以有许多类似生命的标志。灌输给机器人的一些无生命物体线索实例，可以被人们用来将机器人拟人化，这些实例包括机器人对（或使用）自然语言的反应；解读为具有意向性的手势或动作（Breazeal et al.，1999；Norman，2005）；部分组件类似于人体或像人体一样工作（DiSalvo et al.，2002）。机器人与人类互动的场景（situation）及机器人角色也可能模仿人类互动的某些方面，如在家庭或护理环境中提供帮助的机器人。纳斯和摩恩（Nass et al.，2000）指出，即使是极少量的类似人类的线索，也能在个体中广泛引发强烈态度和行为后果。因为人类使用他们的人-人交互模型来理解与机器人的交互，他们可能会根据极微小的社会信号而高估机器人的智能（Lee et al.，2005），从而可能影响人-机器人团队或协作交互。

机器人之间如何相互作用，也可能会给观察机器人的人们提供各种各样的线索，告诉他们如何与机器人互动，或者提供有关它们能力的线索。这些关联行动为我们提供了模型，帮助我们解释机器人内嵌的社会性水平，以及系统的整体复杂性。然而，通过可观测的交互作用和特征来解释外部线索，并不一定是机器人真实能力或局限性的准确指标。但根据所观察到的交互类型，人们会将自己的沟通模式覆盖在自己的观察之上。外观类似人类或动物的机器人，根据这些设计选择所期望的方式进行相互作用，可以根据用户对人类和动物的了解来增强用户的期望。如果这些机器人的行为违背了预期，对于用户来说，在这些通信交流模型中处理新的行为方式最初可能是令人不安的，因为它呈现了一种新的、不同的互动方式。此外，不管是什么原因，那些不能表现出相互社交行为的机器人可能会被认为不太像人类或不太逼真。

邓恩（Dunn，1995）用形态学（morphology）这个术语来描述用户感知的现象，即"一个物体达到其对生命形式的感知程度……根据其以身体为中心的关于生命形式各部分构成的认知结构"。他进一步解释了形态的重要概念，即假设人们将自身意义和具体体验投射到刺激所隐含的模式上。他进一步指出，人们赋予这些结构以"感情和期望，并赋予它们态度和情感……他们对它们的反应、描述和记忆，几乎像对其他人一样"。

最近的其他一些研究（Carpenter et al.，2008；Carpenter et al.，2006）表明，用户对机器人外观的期望和偏好与邓恩的解释一致，用户将期望的机器人能力和行为与机器人的外部拟人化设计功能可见性相匹配，并作为对参与者反应的刺激。同样的研究表明，人们也将能动性和情感灌输给类人机器人，甚至用人类的语言来描述它们。换句话说，如果机器人拥有用户认为类似人类的手，用户就会期望机器人手的功能类似于人手。此外，这些机器人设计特征可能以类似于人类特征的方式触发与机器人的情感关联。在该例子中，机器人手是一种功能可见性，用户将其自身人手的心理建构和功能与机器人"手"相匹配。

机器人的形式或具体体现可以基于外观划分为四大类（Fong et al., 2003）：①拟人性（类人）；②拟动物性（类动物）；③漫画性（夸张的品质）；④功能性（设计基于其预期任务）。尽管除了外表以外的其他社会线索也会影响人类将机器人拟人化（或不拟人化）的倾向，但机器人的人类相似程度会影响人们与机器人的互动方式，并可以建立关于互动和能力的社会期望（Carpenter et al., 2008, 2009; Fong et al., 2003）。人–机器人协作团队互动的实验研究表明，在这些情况下，并非所有机器人都被人类伙伴同等对待（Groom et al., 2009; Hinds et al., 2004）。例如，高度拟人化的机器人比其他机械表现形式（如不太像人的机器人）受到更多的赞扬和更少的惩罚（Bartneck et al., 2006）。尽管如此，这些实验也表明，需要对人–机器人团队进行长时间的现场观察，以观察人类对协作环境中日常使用的类人机器人的态度和期望是否会发生变化。这类长期研究可以帮助确定，何种程度的机器人拟人化有助于 EOD 和其他人–机器人的工作，而不是阻碍它们。

EOD 机器人已经可以根据其任务性质模仿人类的行为，即使它们是人工智能水平较低的远程操作野外机器。作为 EOD 工具箱的关键部件，机器人有时代替人员执行危险任务或帮助完成任务。传闻有证据支持这样一种观点，即在某些情况下，EOD 人员确实将生物体有机特征赋予这些机器（Barylick, 2006; Garreau, 2007; Kelly et al., 2012），并从情感依恋的角度描述他们与机器人的关系，EOD 人员有时为机器人起名字，将机器人视为宠物、队友或自我身体的一部分。

机器人设计的一个重要方面是理解如何设计能与用户自然有效通信交流的人–机界面。然而，在支持人类目标（例如，在无法活动的情况下需要帮助）及实现机器人功能性作用（例如，强大到足以搬运患者）的类机器和类人界面属性的最佳组合之间，包括非常基本的沟通概念，始终存在一种平衡，即一种设计张力。修辞现象，或当社会行为体解释、辩解、辩护、否认或压制他们的行为时，在任何互动中都会受到自己或他人的评价。这些现象是主体间性的，因为它们围绕其他社会行为体的认识发挥作用，这些社会行为体有能力对解释进行评估，从而使社会行为体在特定的道德框架内负起责任并可见。在这些交互中，沟通和解释的模糊性可能有助于或不利于合作任务有效、高效执行的可能性。随后在使用场景（use scenario）中，虽然机器人仅有模糊的人形脸孔，也可能会诱发积极的社会环境，但如果这张"脸"违背了用户的期望，它同样也会阻碍交互。因此，机器人学家在思考设计机器人有效沟通交流的本质时，在整个研发过程中必须考虑修辞现象。

同样重要的是，要澄清这里使用的"设计"（design）一词。罗森曼（Rosenman）和格洛（Gero）给出了一个相关定义："设计是一种有目的的人类活动，这种活动通过认知过程将人类的需求和意图转化为具体的代理（embodied agent）……设计是关于从社会文化环境向技术对象描述的概念的转换。"这个定义从社会文化意识的角度将人类目的与具体代理直接结合在了一起。

人类历史上对通信新技术的态度，要么极端积极要么极端消极（Feigenbaum et al.，1982），至少在最初是这样。虽然工厂里使用的工业机器人在近代历史上已经存在了相当一段时间，但是在日常生活中与人类互动的机器人仍然是一种新的通信技术媒介。在机器人设计中融入类生命维度，给用户期望增加了复杂的意义层次，因此有理由声称，如果机器人不符合用户对性能或行为的预期评估，人们有可能根据自己的期望与机器人发生负面交互，即使是对于实用性或重复性的任务。

类生命机器人的社会接受有着极其复杂的发展前景。为了使机器人有效参与到人-机器人的协作环境中，机器人设计无论是在形式上还是行为上都要具有一定的类人品质。对自然语言命令的响应增加了机器人的效用，并可供未受过其他形式机器人操作专门训练的用户使用。同样的能力也可以为专业操作人员节省时间，消除了手动控制需要。然而，当把任何类生命特征融入人类空间中移动且同时能对我们的需求作出反应的媒介中，它将向用户提供如何以有效方式与之交互的信号，同时它也代表了其他熟悉的关联特征，特别是与生命体的关联特征。

这些类生命品质应该在多大程度上有目的地融入机器人设计中的决定，

并不是一个容易解决的问题。社交线索的引入增加了用户期望系统超过其实际性能和能力的可能性，至少在最初交互中有可能如此。正如莫里（Mori）假设的那样，人型机器人设计得过于类似人类确实有可能会让一些用户反感。此外，高度仿人的机器人可能给人一种它比用户更智慧的印象，以至于成为不受欢迎的互动对象，来自用户的这种阻力可能难以迅速克服。从一些设计师的角度来看，他们渴望模仿真实的生命，以此作为一种创造性的发泄方式。机器人学家大卫·汉森（David Hanson）说："没有人抱怨贝尔尼尼（Bernini）的雕塑太真实了，对吧？或者说诺曼·罗克韦尔（Norman Rockwell）的画太恐怖了。嗯，机器人看起来很真实，也很受人喜爱。我们正试图用机器人技术创造一种新的艺术媒介。"（Slagle，2007）

产品和工具所包含的可识别的人形外观和社会特征，鼓励我们不仅仅将这些东西视为简单对象，而且视为可信的、吸引人的社会行为体。因此，对于拟用于野战防御环境的类人社交机器人，其成功设计的关键之一是在设计中找到平衡点，既能使用户相信系统的能力和精密性并信任其工具特性，同时又不会引起对机器人实际功能的意外期望。

然而在大多数情况下，当机器人需要在协作场景中与人类互动时，设计缺乏社会智能的机器人是不可取的。在互动中忽略所有的社交性会增加用户的认知负荷，要求他们以与人类团队成员完全不同的方式操作机器人并与之互动。增加一部分社会性可以简化共同参与过程中人类一侧的问题。

在机器人设计中增加社交能力的另一个原因是，从机器的角度来看，学习可以非常简单。对机器人进行编程是一项挑战，如果机器人能够通过模仿、体验、反馈或其他社会过程来学习，那么它就可以免除对每一个社会线索或任务都进行预测和编程的一些需要。如果有必要，人类操作者将能够动态纠正机器人的动作，直到机器人通过情境理解来学习如何及何时采用某些策略和行为。

与人类相似，对机器人来说，学习是技能、任务和信息的内化和应用。人类通过各种不同的感觉模式来感知世界，因此应以人类为中心来了解或理解什么是重要的。知识是由对世界的经验、价值观和一套特殊的专业技能构成的。这些信息被巧妙地携带和应用到关于不同场景的已知内容上。利用先前的经验将场景信息融合在一起，构建评估框架来评估应当关注什么、做什么、按什么顺序做，并预测各种行动可能产生的预期结果。

学习的社会性方面超越了重复或模仿。人类教育学的社会特性也可以成为构建机器人智能的有效方法，只要机器人能够从较少的例子中学习，然后将策略推广到其他情况。机器人准确概括其经验的能力，意味着它可以将学习到的策略应用到其他需要适应的情况，而无须操作人员的具体指导。这种学习智能还意味着机器人可以学习如何在各种情况下解决问题，并在系统出现类似错误之前预测错误。

机器人的外观美学、行为、预期的社会角色、沟通方式、功能、使用情境都会对用户的参与产生影响。参与度与可信度密切相关。用户的涉入程度或发现人形机器人吸引人的潜力是定义参与度的因素之一，它表示用户对人形机器人的感兴趣程度，或者对其有多熟悉或疏远。

设计完美的、现成的机器人模型并适用于任何可成功吸引各种各样用户的场景，是不太可能的。与许多复杂技术一样，易于修改和个性化的选项不仅会增加机器人的潜在用途，还会为用户参与创造更多的机会。除了可对防护盔甲或贴花装饰等性能进行修改，改变机器人声音、目光或外观等方面特征的能力将影响有时被称为"内在设计"（visceral design）的东西（Norman，2004）。在此拥有一个设计词汇表来描述用户对产品整体感知的不同部分将特别有用，因为这是一个流动的过程，不容易被解析出来。作为人类情感加工生物学的一部分，在内在层面，人们可对环境中的安全或威胁事物作出快速判断，向肌肉和大脑发送信号；在行为层面，反思性设计可利用思想来指导行动而无须有意识地选择。此外，"行为设计"（behavioral design）是指用户在与产品互动时的满足感，而"反思性设计"（reflective design）则与用户自我形象及对象相关记忆联系在一起。可通过这种模型来理解人类-物品依恋，行为设计直接关系到物品的使用和性能，而反思性设计则与用户的自我形象相联系。

机器人的形态不仅仅指外形。形态在这里描述了用户对物体的感知，以及这些物体是否符合用户对生命形式的期望，这是由于以人类为中心的方式通过对所体验事物的认知建构，建立一种对无法立即了解的事物的理解框架（Dunn，1995）。在决定机器人是否可信或事物能否按预期工作的情况下，人们转向一个他们认为自己最了解的模型：人类与环境和世界的互动形式或类似人类的方式。可信度（believability）不一定是指机器人看起来逼真，而是更准确地描述了机器人符合用户对机器人外形的期望，从而相信其能力和品质的概念。可能存在一个内在过程，将意义、经验和体现感投射到由刺激物（在这种情况下是机器人）提供的模型上。在可信的情况下，这种关联往往携带认知建构所具有的其他方面，包括情感，甚至会将情感和态度应用到社会可信的互动产品中。

我们的形态感知可以进一步分为两类。物理形态（physical form）是指基于物体外观的感知，如结构、对称性、不同的体形、单体结构、比例，以及它是否是单一事物。如果某一事物看起来具有感觉系统，如眼睛、嘴，或者甚至仅仅是一个类似于头或脸的东西，那么它就是用户对另一个事物的形态感知的一部分。与对人和事物的依恋一样，我们对物体动态形式（dynamic form）的感知随着时间的推移而演变，包括了协调性、运动质量、仿真度和尺度等特征。

如何平衡机器人的物理特征设计以保持其有效性，同时设计方式又不违背用户的期望，是一项艰巨的挑战。同样，一种指导机器人开发的方法正在运用成功的人–机交互模型，在这种情况下，应用了诸如物理线索可见性、动作、内部状态、意识和责任感等组件，并将责任感这种概念进一步嵌入机器人设计的规则、规范、习俗和基本的社会控制机制之中。这些类似人类行为的特征可以让用户轻松地从自己的社交体验中汲取经验，构建与机器人的互动方式，类似于他们所熟悉的人际互动。机器人社会性的这些方面是视觉信息的一部分，也可以鼓励用户与机器人的互动程度。同样，设计师必须避免表现"虚假"情感。给机器人灌输看似不真诚的冲突情感，可能会与在使用环境中如何与用户进行互动的想法相冲突，这可能意味着对机器人功能的错误感知，甚至引发欺骗感。这种消极的关联会妨碍用户对机器人的信任，或者阻碍他们之间的互动。

人类天生就适应了面孔，这也许并不奇怪，因为它看起来是如此本能和天生的东西。人们会对面部表情的变化作出反应，期待这些线索能够准确揭示内心状态。从这个意义上说，使用类似人类的线索可以促进对他人的社会理解。暗示了诸如头、眼、嘴等事物的设计特征也是额外的功能可见性，或者提示与这一对象的交互将基于自然或有机体的交流方式。类似地，轮流对话将需要机器人始终如一地、准确地评估人类的声调和其他发声行为，以便其能够适应。这些物理属性和行为的细微差别也与个性（personality）概念密切相关，无论从设计角度来看这是否是一种预期感知。

"隐形机器"（invisible machinery）一词被用来指机器人通过类似人类的外观设计和行为，在用户中产生一种该物体非常自然或有生命的感觉（Carpenter et al.，2008）。与莫里的恐怖谷理论不同，基于人类对同一实体所体现的自然性和人工性的相互冲突的认识，隐形机器并不一定会进一步增加不适感，该理论只是以机械系统（特别是机器人）特有的方式简单确定了这种现象。

类似地，伦敦土语"发条橙"（clockwork orange）指的是行为怪异或与众不同的人，尽管他们看起来与其他人没有什么区别。小说《发条橙》的作者安东尼·伯吉斯（Burgess，1986）解释说，他在文字作品中对发条橙的暗示是为了"代表机械道德应用于充满果汁和甜味的生物体"。此外，伯吉斯从道德选择的角度解释了他对这个短语的使用："如果他只会行善或只会行恶，那么他就是一只发条橙。意思是他外表上是一个颜色可爱、汁液丰富的有机体，但实际上只是一个被上帝或魔鬼，或者全能国家（almighty state），（因为这正逐渐取代前两者）上足了劲儿的发条玩具。"

对发条橙的这两种解释都与隐形机器的前提相类似。在某些方面，隐形机器在应用于对机器人的感知时也是一种以人类为中心的概念，因为它提示了人们有时是如何将人造的东西体验为自然的东西的。不论机器人是否被灌输或发展出一种独特的、新的道德观，它都可能出现，因为道德选择是许多决策的核心，无论大小。就像发条一样，创造机器人的过程是社会合作性的，由人类的双手来完成。从机器人学家的角度来看，无论是有意还是无意，创造隐形机器就好比把机器变成旁观者们眼中更为熟悉的东西。然而，从伯吉斯作品的例子来看，读者认为发条橙是令人失望的东西，是一种被错误解读的东西，因为它虽然类似于自然的东西但却不是自然的。在这一点上，人们随时间推移将如何看待隐形机器尚不得而知。

　　虽然发条橙可能被视为世界的象征符号，但隐形机器具体指的是，人–机器人的互动感知如何影响人们对世界的看法。这两种表现形式的另一个区别是：发条橙是一种隐喻，并不真的存在这样的水果。然而，被视为隐形机器的机器人可能很快就会成为我们日常生活的一部分。

第三部分

模　　式

在不同社会系统中学习到的东西会影响情绪、情境和态势评估及行为。因此，在设计最有效的机器人时，应该尽可能多地研究用户所处的社会系统。社会系统是表现为集体性整体的群体及其相关的群体角色，对这些群体进行描述并不一定需要关注其中的个体成员。这些社会群体共同商定了正式和非正式的价值观和规范，在群体范围内确立了一致认可的社会准则。为了分析社会系统内正在发生的事情，必须仔细考察将群体各部分联系在一起的现有模式或关系。这类研究的主要目标是通过描述这些因素最终如何在微观层面上塑造人-机器人交互，从而了解目前正在发生的日常环境、个体和群体体验及互动。

排爆（EOD）工作在所有军事专业中都独具特点。排爆人员需要完成一些最严格的军事专业训练。最初阶段的训练包括所有武装部队成员一起参加位于埃格林空军基地的海军爆炸物处理学校（NAVSCOLEOD）训练，该学校俗称为"校舍"（schoolhouse）。学员毕业后即可承担正式的排爆任务，这项工作需要个体具有杰出的学术能力和身体能力。

与其他一些军事专业一样，小组合作对这项工作至关重要，但排爆工作也需要小组成员之间持续有效的口头沟通，以便成功完成以小组为导向的任务。EOD团队成员常常被鼓励在执行任务过程中向团队领导提供每项任务情况的有关信息，这即使在更典型的军事体制背景下也是不同寻常的。这种程序方法基于如下假设：在团队领导决定最终的团队行动之前，每个人都是某一方面的主题专家（SME），其所提供的有效视角值得在协作行动中充分考虑。

随着军队EOD训练与工作的开展，以及遭遇简易爆炸装置（IED）情况的大幅激增，EOD团队工作的各个方面正在不断改进。这些方面包括团队规模、人员晋升资历及对机器人等技术依赖的增加。EOD 人员使用的最关键的标准工具之一是半自动遥控机器人，该机器人可协助实施安全程序，帮助阻止或缓解爆炸物威胁。

目前，EOD 人员正越来越多地将机器人作为一种重要工具，协助实施未爆弹药的安全程序。因此，如果忽略了人–机器人交互问题，这些交互中的未知问题将对人类生命和任务结果持续造成危险。

EOD 系统是群体整体经验中动态相互依赖的部分之一，被视为一个相互联系的生态系统（ecological system）（Bateson，1972；Sundstrom et al.，1989；Sundstrom et al.，1990；Murphy，2004；von Bertalanffy，1968）。模式（patterns）通过描述与 EOD 作业尤其相关的组织、人员、机器人、行动环境和任务，来呈现 EOD 作业的背景和场景，以便对美军 EOD 系统中发挥重要影响的部分进行详细描述。此外，对于定性研究数据，如从 EOD 研究参与者访谈中收集的数据，必须归类为观察到的有意义的模式或主题。这一迭代过程是专题性定性数据分析的核心。根据这一框架，EOD 人员的世界被解释为：他们作为一个组织在军队中的地位，EOD 作为一个整体的特点和经验分享，机器人在 EOD 作业中的典型应用，EOD 行动环境的性质，以及协作性、行为性与概念性 EOD 任务的管理方式。

随着机器人设计和团队规模的演变发展，EOD 人–机器人作业提出的独特情感挑战必须得到考虑。这包括人–机器人交互中的情感如何影响操作人员的决策及任务结果，这是攸关生死的情况。美国国家研究委员会的一份报告（National Research Council，2002）呼吁，继续大力开发用于军械弹药处理的机器人，并更加关注其中的人为因素方面：“由于技术是由人类主体和社会组织实施与操作的，其设计和部署运用必须综合考虑人类、社会和组织因素。”关于军队凝聚力、团体间和团体内关系、机器人工程开发方面的主题已经有大量文章探讨，但是关于EOD 作业的性质、机器人如何融入其世界及军队如何与机器人一起行动的内容，发表的文章数量相对较少。因此，为了开始了解参与 EOD 作业的个体，必须考察该系统中相互关联的各个部分，以便为理论层面的调查提供框架。

在美国军队中，EOD 技术人员发挥着至关重要的作用，他们负责有效安全地拆除美国和外国的化学、生物、放射性和核（CBRN）未爆弹药（UXO），包括简易爆炸装置等（Department of Defense，2006）。

美国军方的爆炸物处理专家也在美国国内协助各州和地方民事当局排除和处理危险装置。EOD 其他各种正式职责包括支援美国特勤局、美国国务院和其他联邦机构（Cooper，2011）。这些联邦机构包括美国国土安全部、美国海关及烟酒枪支和爆炸物管理局（ATF）。他们参与保护总统、副总统、其他官员和政要的工作，并在大型国际活动中发挥重要的安保作用。

美国武装部队的爆炸物处理专家还参与培训和协助国内的民事执法人员（Larry，2008；National EOD Association，2012）和国际友军与盟军的军队爆炸物处理专家（Gibson，2009；Owolabi，2010；Valentin，2011）。

爆炸物处理对美军来说是相对较新的专业，但近年来由于战争中越来越多地使用简易爆炸装置，而不幸发现其具有新的重要性。简易爆炸装置基本上是自制炸弹，通常以非常草根、非军事的方式安置在路边。简易爆炸装置是常规武器的一种替代形式，通常由仅受过非正式训练的人员制造。讽刺的是，事实证明，简易爆炸装置与标准化的军事战术一样危险，甚至更为危险。以简易爆炸装置作为挑衅和破坏首选方法的个人和团体，可能会快速调整这一低级技术，其相关的战术、技术和程序（TTP）也会在越来越短的时间周期内演变发展（Wilson，

2007）。简易爆炸装置的设计千差万别，可能包含各种各样的部件，如雷管和爆炸物等。通常情况下，杀伤性的简易爆炸装置包括钉子等可产生弹片的物体，或散发有害化学物质。

与简易爆炸装置不同，地雷通常基于传统设计，并且可标准化、大规模生产。简易爆炸装置有多种形式，可由多种方法触发，包括红外或磁性触发器、遥控器、压敏棒或绊索。多个简易爆炸装置有时会以雏菊花环的形式连接在一起，攻击公路沿线的车队。还存在一种威胁，即将有毒化学物质、生物或放射性物质添加到爆炸装置中，可在通常与炸弹相关的弹片、爆炸震荡和火灾之外造成其他严重影响。

简易爆炸装置的变化形式包括车载简易爆炸装置（VBIED），俗称汽车炸弹或卡车炸弹；以及房屋简易爆炸装置（HBIED），即在整个房屋或类似建筑结构上安装炸药以引爆。叛乱分子经常会观察 EOD 调查活动，以便策略性地远程引爆爆炸物，使其产生最大伤害，或使用简易爆炸装置引诱 EOD 人员进入狙击手的射击范围。美军联合简易爆炸装置应对组织（IED Failure Organization）主任迈克尔·巴贝罗（Michael Barbero）中将曾经说过："在 20 世纪，火炮是造成部队伤亡的最大因素。简易爆炸装置就是 21 世纪的火炮。"

EOD 小组抵御这些威胁的第一道防线中有一个关键工具，即各种移动机器人，可使用他们执行危险任务，如处理未爆弹药（UXO）、检查隐藏 IED 的车辆、预先侦察危险运输路线。使用机器人探测、检查或拆除简易爆炸装置的关键原因是使 EOD 人员远离危险，从而减少人员伤亡。

简易爆炸装置使用情况的增加并非过分夸大。2007 年，简易爆炸装置导致的伤亡占美军在伊拉克战斗人员伤亡的 70% 以上，阿富汗战斗人员伤亡的 50%（Wilson, 2007）。近年来，简易爆炸装置对冲突地区平民的影响也在惊人地增加。联合国阿富汗援助团（UNAMA）发表正式声明，"在似乎针对军事目标的事件中，负责放置或引爆简易爆炸装置的人根本不会考虑平民的存在，也没有证据表明他们对平民和军事目标进行了区分，从而违反了国际人道主义法的区分、预防和相称原则"（2012 年）。

UNAMA 报告说，简易爆炸装置是阿富汗武装冲突中最主要的死亡原因，从 2012 年 1 月至 9 月间共记录到 340 名平民死亡和 599 人受伤（UNAMA 新闻稿）。《阿富汗武装冲突平民保护年度报告》（*Afghanistan Annual Report on Protection of Civilians in Armed Conflict*）指出，2010 年，40%的女性平民死亡和 44%的儿童死亡是简易爆炸装置和相关自杀式袭击造成的（2011）。

美国国防部联合简易爆炸装置应对组织（JIEDDO）的一名官员称，军方数据显示，阿富汗的叛乱分子每月最多可以制造 1400 枚简易爆炸装置（Dreazen，2011）。在伊拉克战争的高峰时期，每月有 4000 多枚简易爆炸装置（Mora，2010）。2011 年 1 月至 11 月，除伊拉克和阿富汗外，全球共发生 6832 起简易爆炸装置事件，平均每月 621 起，造成 111 个国家的 12 286 人伤亡（iCasualties.org，2011；JIEDDO，2012a）。不包括阿富汗和伊拉克的统计数字，全球简易爆炸装置伤亡人数在 2012 年 5 月达到顶峰，仅一个月就有约 1800 人受伤，近 600 人死亡（JIEDDO，2012b）。

2010 年，美军将在伊拉克的道路清理小组数量从 23 个增加到 56 个（Flaherty，2010）；2011 年将在阿富汗的道路清理部队数量从 12 个增加到 75 个（Dreazen，2011）。尽管报道数字存在差异，但目前在伊拉克和阿富汗大约有 3000 个战术机器人用于侦察和未爆弹药清扫（Osborn，2010；Singer，2010），仅在阿富汗就有大约 2000 个地面机器人，大约每 50 名士兵就拥有 1 个机器人（Axe，2011）。

不幸的是，这些统计数字只说明了部分情况，因为简易爆炸装置威胁作为战争和恐怖主义的一种手段，每年都在不断增加，对全世界的军人、应急救援人员和平民造成的危害比以往任何时候都大。尽管EOD人员需要在各种各样的情况下处置各种各样的弹药，但令人遗憾的是，简易爆炸装置作为一种武器越来越受欢迎，并为EOD领域在招募、训练、团队组织和所用工具方面发生的一些迅速变化提供了重要的出发点。

第六章
美军排爆作业生态系统

一、组织

本书将组织（organization）描述为具有共同历史、文化和集体价值观及规范的可界定的人类群体（Rousseau et al.，1988）。重要的是要对文化（culture）与社会文化（social culture）概念加以区分，前者是指符号内含的意义模式，后者是指"个体和群体之间的经济、政治和社会关系"（Geertz，1973），本书将对 EOD 生活中这两个文化方面进行广泛深入的考查。如果一个组织作为整体具有共同的经验，那么就会存在整体性的组织文化。类似地，如果一个组织由具有共同经验的亚群体组成，则可能出现许多不同的亚文化。

军队由各种形式的亚群体、单位和小组组成（Arrow，2000）。在本章中，我们并不试图仔细考查大型群体和所有亚群体中的每一种价值、符号、人造物和假设，而是通过文化来探索 EOD 人员如何通过正式和非正式训练、条令、仪式、实践的共同历史，在其群体间和群体内经验中学习掌握合适的个体行动。因此，通过在组织层面上考查与这些文化已确定方面相关的一些实例，并根据其对 EOD 人员的影响，来描述和分析上述更为广义的文化概念。

美军各军种对各自 EOD 军队的实际描述差别不大，它们都承担共同的任务，包括在作战行动期间、和平时期及在国外和国内环境中，保护人员、设施和关键基础设施免受未爆弹药（UXO）和简易爆炸装置造成的危害

（Department of Defense，2006）。UXO 还指美国和其他国家的化学、生物、放射性和核（CBRN）弹药。在这种广泛的潜在情况和态势下，EOD 专家的设置和职责因任务而异。这些技术人员在战术上向其他军人提供援助，降低主要交通线和补给线上的未爆弹药和简易爆炸装置威胁。他们是唯一接受过专业训练、装备和任务的部队，负责消除或降低未爆弹药和简易爆炸装置造成的危险，并训练非爆炸物处理人员识别潜在的未爆弹药威胁。他们经常被要求向专业 EOD 警察部队提供援助；参与处理陈旧或不稳定的爆炸物，如用于采矿、烟花和弹药的爆炸物。作为训练有素的弹药专家，他们负责保护外交人员和政要人物，清查重要人员途经区域的未爆弹药，并在大型活动期间确保公共场所的安全。EOD 技术人员的另一项任务是开展爆炸后的调查分析。EOD 的工作职责还包括为政府情报部门和联邦机构提供支持，如美国特勤局和美国国务院。

为了减少未爆弹药和简易爆炸装置的威胁，使用特定的 EOD 工具和方法防止爆炸，或实施安全程序（RSP）是朝着为军人和平民创造安全环境目标迈出的关键一步。RSP 是根据 EOD 技术人员及其团队的训练、经验、情况或任务，采用特定的技术程序、工具和方法，为实现未爆弹药或简易爆炸装置的安全而采取的一系列行动（Air Land Sea Application Center，2001）。尽管近年来简易爆炸装置的威胁呈指数级增长，接受专业训练以挫败这一威胁的部队人数却没有以同样的速度增长，但各军种已加大努力提高对 EOD 作业的认识，以此作为一种选择方案（D. Brown，2000；Svan，2008；Talton，2008）。截至 2008 年，美国海军陆战队共有 456 名士兵的基本军事专业是 EOD 技术员，而官方目标是 663 名士兵完成 EOD 训练（Svan，2008）。斯万（Svan，2008）还报告说，EOD 训练的淘汰速度有时甚至超过了人员参训的速度，美国海军拥有的 EOD 士兵人数为 912 名，仅达到期望人数的 86%，人员缺口为 152 人。据美国海军官方宣布（Explosive Ordnance Disposal Group 1，2013），自斯万的报告以来，海军 EOD 人员增加到了 485 名军官和 1105 名士兵。目前，陆军的 EOD 部队共有约 1800 名官兵（Hall，2011）。

奠定共同基础的一种方法是开展统一训练（Mark，1997）和正规教育。

EOD 人员参加的正规教育包括有教师和既定课程体系的课堂学习以及实践活动。然而，EOD 人员在其整个职业生涯中都不断参加学习活动，包括同伴训练、自主学习活动，及必需或可选的正规军事课程。他们还接受额外训练以保持知识更新，或为了提高自我和获得进一步的专业认证。在这项工作中，正规学习和正规训练是指由军队任命的正式教员授课并颁授正规证书的学校活动。非正规学习和非正规训练在正式需求范围之外开展，正如利文斯通（Livingstone，2001）对此的解释："在没有外部强加的课程标准的情况下，所发生的旨在追求理解、知识或技能的任何活动。"

换言之，非正规训练和学习中使用的基本课程、目标、成果和知识获取方法可以由个人自己决定或由一组人集体决定，并且通常在某种程度上是自主的。然而，本书中正规学习和非正规学习的基本区别在于，非正规学习和训练是在没有得到机构承认和正式任命教员的情况下进行的。在本书中，除非另有说明，非正规学习一词指的是自主式非正规学习和非正规教育/训练。

在美国军队，EOD 人员所受的资质训练在各军种所有职业专业中最为全面。所有军人都要参加某种形式的入伍训练以掌握基本技能，并通过学习军种规范、程序、专门语言和符号象征接受一定程度的灌输教育（Vygotsky，1986）。这一训练阶段正式开始于基本战斗训练（BCT），即新兵训练或俗称基本训练。这一初步训练为个体融入军队的过程奠定了基础，强调团队工作、进步和共同目标而不是个人作为独立单位（Janowitz，1972），以及引入一组通用词汇表、一套日常生活（例如，叠衣服）和工作（例如，操作半自动步枪）程序。

此时，新兵能否成功并不取决于先前的学术成就或社会经济地位。训练有时可能以专门指导的形式进行，并侧重于需要特定技能（如体能要求）帮助的个人，但通常采用集体学员制的形式来提升个人的成功能力。因此，不同背景个体之间能够建立战友情谊，个人成为更大整体的一部分。

新兵在选择投身于 EOD 工作后，美军所有军种的 EOD 技术人员根据各军种具体要求，在不同地点平均进行为期 10 个月的岗位训练，如海军潜水学校训练和跳伞训练。海军 EOD 专家需要参加为期约 1 年的艰苦训练，包括为期数周的学术和体能准备工作、EOD 基本潜水训练、42 周的 EOD 基本训练、3 周的 EOD 战术训练和 3 周的美国陆军跳伞学校训练。

但美军的四个军种在某一时间点上都在佛罗里达州埃格林空军基地参加 EOD 基本训练（Cooper，2011）。1999 年，海军爆炸物处理学校（NAVSCOLEOD）集中在埃格林空军基地开展 EOD 基本训练，该学校隶属于海军，但人员来自各军种。EOD 人员有时将该学校俗称为"校舍"（schoolhouse），根据该校官方网站介绍，其每年大约训练 800 名学员。弗吉尼亚州的希尔堡为陆军和其他军种建设了一个新的训练基地——占地 2700 英亩（约 10.93 平方千米）的爆炸物处理场（Dennen，2011），进一步扩大了 EOD 资源，同时将更多训练选项集中在一起。

值得注意的是，目前的正式训练计划中，EOD 学员只有一小部分时间是与机器人一起动手实践的。最近，EOD 训练采用了基于虚拟视频游戏的平台（Robillard，2011），使用的操纵杆和控制装置与野战机器人相同，但通过虚拟环境有助于学习如何组装机器人，并在不同情况下操纵机器人。

在美军各军种，EOD 训练将贯穿他们的整个军队职业生涯。人员可以利用休息时间与机器人一起练习自制障碍课程，阅读和了解故障报告，参加队长发起的练习等。此外，他们还参加了专业训练课程，如任务排演（MRX）、全球反恐战备（GATOR）和队长认证训练等（Riemer，2008；Bailey，2011）。正规的继续教育还可以包括高级外语学习、单兵武器高级训练、战斗救生医疗技能训练、团队内部沟通能力训练，以及针对城市或其他特殊环境的训练。

尽管各军种的 EOD 学员淘汰率约为 50%（Lamance，2010；Cooper，2011），但由于《拆弹部队》（*The Hurt Locker*）等电影提高了 EOD 在流行文化中的公众意识，以及几乎每天都有关于简易爆炸装置事件的全球新闻报道，EOD 作为潜在职业生涯道路的可见度也有所提高（Bigelow，2008；Cooper，2011；Vowell，2013）。由于国际上简易爆炸装置相关事件激增，迫切需要稳定培养 EOD 人员，因此 EOD 训练体制甚至 EOD 小队的结构都在不断演变。

为了应对 EOD 学校毕业的高淘汰率，2011 年，空军启动了为期 20 天的"筛选课程"（Kelsey，2011），帮助学员在前往埃格林空军基地之前做好准备。另一个用来满足合格 EOD 人员需求的策略是对不同规模的团队进行试验，降低陆军士兵参加 EOD 训练的年龄要求（Spencer，2011）。正如斯宾塞（Spencer，2011）在她的文章中指出的，一些 EOD 人员已经对这些组织战略给予了批判性评论。例如，较大规模的团队可能会阻碍队员之间的联系和沟通，尽管在诸如 EOD 作业这样的危险任务中，更个人化的观点具有潜在的优势。同样，斯宾塞指出了对降低年龄要求的批评，尤其是在陆军，符合资格的 18 岁人员现在可以参加 EOD 训练。

2002 年，约翰·斯特凡诺维奇（John Stefanovich）中校警告说，合格的 EOD 人员并不是一种可以轻松制造的商品：

> 从对阿富汗战场 EOD 行动的观察中可以明显看出三个教训：对于成功而言，训练有素的 EOD 士兵比任何 EOD 装备都更重要。EOD 士兵的素质要比 EOD 士兵的数量更重要。合格的 EOD 部队无法在危机发生后大批量生成。

虽然更为年轻的团队成员可能渴望报名入学受训，但现在就讨论年龄降低是否会显著影响淘汰率或长期的团队整体动力，还为时过早。

美军各军种内合格的 EOD 技术人员数量相对较少，这有助于形成专业化、经验化、凝聚力和团队团结的强大亚文化（Blankenship，2010；Kirke，2009；Yarbrough，2008）。如前所述，这些专家在军队中具有独特的地位，他们需要作为决策团队开展工作和沟通，而不是按照通常严格的军队等级体制，在后一种体制结构中，团队成员对领导者选择的行动方案几乎没有任何建议投入。

EOD 也是军队内少数几种高级成员比初级成员承担更多身体风险的工作之一，这种作业方式使学员能够学习掌握领导团队的经验。鼓励 EOD 人员通过持续性的团队沟通来分享信息（Department of Defense，2006），团队间的动态沟通方式严重影响决策过程，从而影响任务结果。书面沟通和报告也用于收集情报、记录任务结果以供分析，并为未来训练方案提供信息（Department of Defense，2006）。

重要的是要考虑到，随着人机交互的发展和机器人设计的变化，人类与EOD 机器人之间可能存在情感联系，EOD 成员之间的群体归属感将发挥重要作用。EOD 专家可以通过共同训练、共享经验和强大的组织关系，形成人际和团队内的纽带。

一个组织特定的有意义的仪式、礼节、习俗和传统也是一组内在的个体统一因素和社会意象符号，是用于沟通和加强组织文化假定的有力方式。然而，仪式和礼节的意义仅能反映任何组织内非常有限部分的观点，其对真实、可信或有用信息的反映程度千差万别。仪式、礼节和传统遵循社会现实，反映了关于真理的某种程度的共识。这些仪式、习俗和类似行为的一部分始终伴随着组织的历史，通常以一种关于人或经历的起源故事的形式出现。随着组织的发展，历史叙述也在发展，而这些故事就像相关的仪式一样，强化了组织内外的文化假定。

一期《美国 EOD 协会通信》（*Newsletter of the National EOD Association*，Jiminez，2011）上刊登的指挥官致辞是一个非常正式的实例，承认并阐述了通过 EOD 分享经验建立紧密的人际关系：

> 我们的成员就是我们的力量所在。他们联合起来组成了我们这一协会。他们在世界各地执行 EOD 任务，保障他人安全，帮助士兵开展战斗行动。他们提供了我们珍视的故事和图片。他们经常聚会，尽管岁月流逝却从未有过相互分开的感觉。虽然他们之前从未见过面，但当他们相遇时却能感受到相互之间拥有共同的纽带——通过共同训练、经历和危险凝结而成的坚固纽带。对协会中不幸辞世的老兵，我们向他们表达衷心的敬意。对协会现任会员，我们向他们提供支持并表示感谢，感谢他们愿意参与协会的工作。对协会新成员，我们表示热烈欢迎，希望这对他们将是富有价值的经历。

这份内部通信展示了官员在 EOD 群体内建立垂直凝聚力的方法，即通过上级支持促进战友间的牢固关系（Siebold，2007）。该致辞还非常优雅地将该组织的新成员及退伍老兵包含在内。

卡尔·柏格斯特罗姆（Carl Bergstrom）牧师撰写的"EOD 祷文"（Schott，2011），常被登载在美国国家 EOD 协会等众多 EOD 组织的官方网站上（如 http：//www.nateoda.org/），其中有这么一句话："我们认为，EOD 大家庭是为了所有人的福祉而将精神心灵团结在一起。"不管个人宗教信仰如何，这一情感呼吁 EOD 工作的道德观与感染力，将其视为共同的家庭式经历，其共同目标是为 EOD 圈子中的每个人提供安全和健康福祉。

此外，还观察到一些 EOD 社会合作交流的具体实例或物品，旨在积极促进组织之间的关系（Gergen，1985）。通过 Facebook、LinkedIn、个人博客和公告板等网站，众多 EOD 人员在线社交团体为不同地理位置且随时间发展的持续性组织建设提供了便利。有时这些群体组织的建立是作为特定营连的在线联系，或与军事部门官方网站相关联，如第 3 EOD 营的 Facebook 页面（https：//www.facebook.com/pages/3d-Explosive-Ordnance-Disposal-EOD-Battalion/183756438317677），即由第 3 EOD 营的参谋人员负责管理。

在各营、连或排的具体 Facebook 网站上，典型的帖子包括 EOD 训练的毕业典礼照片、部署成员的照片、面向 EOD 服役人员亲友的活动通告，以及连排团聚通告等。此外，还经常会以类似报纸讣告的形式张贴现役和退役 EOD 人员受伤去世的通知，并详细介绍其军事生涯、个人生活和死因。许多个人也建立了非正式的在线社交空间，其不受军队的直接管辖，拥有更广泛的成员好友。一个例子是 LinkedIn 的专业社交团体，在获得群主的批准后，其允许任何具有 EOD 经验的人员加入、重新联系和讨论全球范围内的军事及民事职业机会。

EOD 文化中另一个不容忽视的方面是 EOD 纪念基金会（EOD Memorial Foundation），因为它对于军事 EOD 人员建立自己的社群具有重要意义。目前，EOD 主要的实体纪念馆位于埃格林空军基地，对面就是 EOD 主要建筑物。自第二次世界大战以来，EOD 学校正式毕业的所有技术人员或军官，只要是服现役期间因 EOD 任务或职责而阵亡者，均有资格将其姓名列在该纪念墙上

（EOD Memorial Foundation，2009）。各军种的分支机构、各连有时也有自己的纪念墙，包括身份标识牌（Choate，2011）、照片和传记等非常私人的物品。

这些纪念物是对 EOD 组织非常有意义的提醒，有助于了解组织的历史，保持逝者对生者的重要意义，并唤起对亚组织（如海军陆战队 EOD）和更大组织（如 EOD 人员、军人、美国人）个人牺牲的赞赏和理解。海军陆战队军士长迈克尔·夏普（Michael C. Sharp）用非常简单的语言指出了这面墙的意义"我相信这面墙表明了，EOD 群体的规模虽然很小，但 EOD 成员将永远尽最大的努力，维护与尊重在这一领域的兄弟姐妹"（Choate，2011）。

该基金会的在线展示包括 EOD 新闻、讣告和网上商店。此外建立了美军四个军种所有已故 EOD 人员的数据库，可以通过逝者的名字链接到其朋友和亲人的悲伤故事。该网站还提供了 EOD 纪念奖学金基金的相关信息，要求"申请人必须是 NAVSCOLEOD 学校毕业生的子女、继子女、配偶、孙子女，或国防部认可的其他家属"（EOD Memorial Foundation，2011）。这再次正式表明，将 EOD 人员家庭纳入到更大的群体成员之中。

二、人员

EOD 社区内的个人必须有能力作为团队的一员工作，具有有效的人际沟通技能，能够承受长期的学术要求和身体上的严格考验，可基于安全程序快速决策，有时甚至需要在没有团队外部指导的情况下就地行动。换句话说，EOD 组织内的人员要能在压力下有效工作，并且是一系列主题（从工程问题到人际关系和个人技能及体力等）的专家。了解哪类人能在这样一种多层面、高要求的工作中取得成功，将有助于更深入地了解如何确定高效的面向任务的机器人设计，特别是半自主机器人的设计，该机器人可作为团队协作的有效工具，而不会让用户分心或妨碍目标的实现。

在 1985 年的一项纵向研究中，霍根等（Hogan et al.，1989）在海军潜水员和成功完成训练的陆军及海军 EOD 学员中发现了某些共同的人格特征，包括良好的适应能力、自发性、身体自信、积极尝试新事物、简单粗暴、技术导向、内省等特质。然而，一旦受训人员加入海军，他们与该研究中的 EOD 学员相比会变得越来越谨慎和顺从。考虑到人格特征的这些变化，一旦从课堂转变为舰队生活，合理的假设是，这些人格特征虽然是连续一致的，但也会因 EOD 人员随着时间推移从新手转变为专家而演变。

最近关于 EOD 学员和人员的研究提供了具有统计学意义的结果，并支持以下假设：对 EOD 工作感兴趣并取得成功的人员，具有相似的学习偏好和智力（Bates，2002；Bundy et al.，2007）。然而数据也表明，在诸如年龄、军衔或军种等各种各样的人口统计数据内和数据之间都存在差异。同样还需要继续对 EOD 人员进行深入研究，以便解释课堂和培训背景之外的情境状态和应激源。

与任何职业一样，EOD 工作作为一个整体，由年龄、正规教育、职业目标、个人偏好、性格、身体差异、科技接受度各不相同的个人承担。我们认为，在这项工作中，情绪是一种发现群体内人格类型、人工制品阐释、情境和特定目标等模式的方法，并可以此为手段通过机器人设计来预测或操纵情绪（Lazarus，1993；Norman，1988；Rafaeli et al.，2004），而不是试图将其划分为不合逻辑的或者不合理的。研究情绪与决策之间的关系，特别是在 EOD 的人–机器人场景中，也可能有助于更充分地了解机器人设计对整个任务的影响。在半自主机器人的世界里，人类决策仍然是实现任务目标的关键部分。在目前的 EOD 团队模型中（通常由 3～8 名成员组成，具体取决于各军种和任务类型），有望添加的协作性类人半自主机器人将是很有价值的工具，并且将在该群体中创建新的社会角色。

除了机器人的角色外，用户与机器人的合作角色及这些关系对用户在团队中与机器人合作感觉的影响，在探讨 EOD 工作中人与机器人的动态关系时也很重要。斯科茨（Scholtz，2002、2003）确定了用户在团队环境中与半自主机器人一起工作的几个角色，包括上级主管、操作员、机械师、同伴和旁观者。

在目前 EOD 使用的现有机器人工作模型中，EOD 用户的角色可能涵盖斯科茨最初确定的几种或所有相互关系，包括监督总体使用情况、操作、指挥或维护机器人。正如斯科茨所说，其中一些相互重叠的交互关系有时可能会变得模糊（Scholtz，2003），这些角色具有不同的交互维度，会在使用机器人时影响用户的目标、意图、行为、感知和评估。

三、机器人

爆炸物处理人员拥有一系列的装备和工具，可协助他们实施安全的程序方法，因此这里的重点是机器人作为交互作用中的重要设备。"野外机器人"（field robot）一词也有不同的定义，这里指的是半自主、遥控式机器人移动平台，通常用于动态行动环境（Jones et al.，2002）。主用户通过在物理距离上操作机器人来扩展自己的感知和操纵能力。因此，野外机器人主要与操作者远距离互动，在某种程度上使人类成为旁观者。

墨菲（Murphy，2004）特别提到在太空探索、人道主义救援和军事行动中，机器人的实地应用。以此为参照点，实地应用领域具备两个相关特点：①这些机器人易受环境不稳定性的影响，使其稳定性和通信资源受到妨碍。例如，在野外情况下，机器人可能在峡谷地形中翻覆，或在岩石地形中失去与操作员的无线电通信。②它们的使用旨在通过与主用户保持物理距离来防止人类受到直接伤害。

作为 EOD 任务工具的机器人，其在运输过程中与人类团队成员共处同一个物理空间，通常首先被派出去接触、调查 IED 或将 UXO 转移到人员安全距离之外。在目前的 EOD 工作模式中，团队成员在任务所在地开展协作，但在行动过程中彼此之间可能有一定的距离。例如，如果工作超出了机器人的范围，队长需要穿上防爆衣并对简易爆炸装置实施安全程序，那么队长将相隔一定距离与其他团队成员进行沟通，并通过技术为团队合作提供中介沟通。

态势感知是遥控操作任务的重要组成部分。野外机器人的一个常见问题是用户对视频资源的依赖及缺乏与环境的直接交互，这妨碍了操作员对机器人位置和稳定性的准确理解（Casper et al.，2003；Darken et al.，2001；Lewis et al.，2007；Woods et al.，2004；Scholtz et al.，2004）。机器人操作者必须管理多项认知任务和动态输入信息来操纵机器人的动作。目前的 EOD 机器人模型通过履带式或轮式系统在物理空间内移动。芬克尔斯坦和阿尔布斯（Finkelstein and Albus，2003/2004）报告说，轮式机器能在约 30% 的地表上运行，而履带式车辆可以在约 50% 的地表上行驶。EOD 机器人的功能和工作环境也对其提出了更高要求——需要在建筑物和其他人造场所等空间中移动。灵活、稳定的足式甚至两足机器人的优势显而易见，因为它能够在更大的场地和环境中有效地工作。

虽然机器人模型不断发展，新的机器人公司不断涌现，但其核心设计原则基本相似。在这一领域，机器人开发的最终目标是建立有效、高效、灵活、强有力的工具，EOD 人员可以使用它来安全地拆除、引爆或移除未爆弹药，同时将人身风险降到最低，从而拯救生命。目前，EOD 机器人一般为轮式或履带式，在外观上与人类并不明显相似。此外，它们缺乏像人类一样在室外或室内环境中真正灵活移动的能力。具有双腿、灵巧手臂及双手的类人机器人，在人类操作员的控制下，可以在困难地形中顺利完成爆炸物检测任务，如能够在建筑物内移动、在岩石环境中攀爬、操作现有机械、熟练处理人工制造的简易爆炸装置。事实上，美国国防高级研究计划局（DARPA）2004年对美国军官进行的调查显示，他们预计类人机器人步兵将在 2025 年加入军队（Finkelstein and Albus，2003/2004；Singer，2009）。

DARPA 2004 年资助的一项机器人形态优化研究的结果支持上述调查，该研究称类人机器人应该被派上战场，越早越好（Finkelstein and Albus，2003/2004）。因隶属于美国国防部的 DARPA 公开表示，他们正在探索 EOD 类人机器人设计方案，因此这些统计数据及该研究主要针对美国人员，讨论美军 EOD 团队中的类人机器人如何影响日常使用的不同方面。

目前，常用于排爆作业的机器人要么是完全遥控的，要么是半自主的，不太容易被划归为类人机器人。图 6.1 显示了日常 EOD 作业常用的"利爪"（Talon）排爆机器人模型。

该机器人模型的设计目的是执行未爆弹药（UXO）拆除程序，以及实施化生放核爆武器（CBRNE）安全程序、安保、搬运重物、防御或救援任务等。

图 6.1　"利爪" 4 型排爆机器人（Talon Ⅳ®）

资料来源：奎蒂克北美公司（QinetiQ North America），2012

EOD 人员在日常作业环境中经常使用的另一种机器人是美国 iRobot 公司的 PackBot 机器人。如图 6.2 所示，PackBot 在某些方面类似于 Talon，体型低矮、履带式机动。这种机器人能爬楼梯，并能很好地在狭窄通道中穿行，是本章讨论的研究参与者常规使用的日常 EOD 机器人模型。

图 6.2　510 型 PackBot 排爆机器人

资料来源：iRobot 公司，2015

这些机器人上安装的重型机械臂和机械爪非常适合于检查未爆弹药并将其安全拆除的任务。过去，像这样的机器人模型也曾经被武器化，执行某些战术目标。然而，当这些机器人被用于日常 EOD 作业时，目的是通过在安全距离上调查不明装置以保证人员的安全。从军队采购的角度来看，节省成本的目标可能是鼓励开发更为多用途的机器人，以便其能够成功应用于各种军事行动，但排除未爆弹药的特殊性，要求这类工具拥有和人类操作员一样的特殊能力。有些机器人模型可能会被那些没有受过 EOD 专门训练的部队使用，但即使是设计最好的机器人也不能替代 EOD 团队所体现的人类专业知识。此外，与任何技术一样，对从原型到生产的转换周期的速度要求也越来越快。

最后，如果必要的话，这些机器人可能会被炸毁，这是预料中的风险，因为它们的作用就是近距离代替人类处置爆炸物。即使是在军事环境中，这也使得 EOD 机器人与众不同。虽然所有的军用机器人最终都可能是可有可无的，但在制造和使用 EOD 机器人时的预期是它们所承担任务的任何后果都可能会严重毁坏它们，使其无法被修复。这种情况不仅比任何将人置于危险境地的替代方案更可取，而且在某种程度上既是一种已知的风险，也是一种非常现实的可能性。设计这些机器人的本意是让其与人类操作员一起执行任务，但也以"为了全队牺牲个体"为目标。这些机器人扮演着人类操作员替身的角色，执行任务以保护人们的安全，并在设计和制造时已被明确会随着时间推移而磨损，还可能会在每天使用它的人面前被炸毁。在机器人当前的使用模式和迭代中，这种风险对用户来说可能没有问题，只是迫使他们及时采取解决办法或使用备用机器人。然而，随着时间的推移，随着机器人设计的变化，以及接受过机器人使用训练的新人员经历的不同，比如成长于一个充满了日常机器人的世界，可能会有更多的人为因素发挥作用。

四、行动环境

由于军队 EOD 工作的特质包括地点（国外和国内），以及贵宾保护、未爆弹药探测和排除等各种职责，因此无法确定这一职业"典型"的工作场所或地点。任何环境都可能成为 EOD 作业环境。基于这些原因，本书中的"行动环境"（operating environment）指的是对人们所处情况的概述，而不是集中于某一地理位置或特定事件类型上。

作为描述行动环境复杂性的一个例子，陆军行动有 5 个原则：主动性、敏捷性、深度性、同步性和多功能性。此外，还对这些原则与 EOD 的关系进行了具体阐述，并对整个行动环境预期进行了更详细的描述。正如野战类手册中所定义的，任何行动环境都有 6 个维度，每个维度都会影响陆军如何指挥、集结部队和开展军事行动。确定的 6 个维度分别为威胁、政治、联合行动、地面作战行动、信息、技术。这些都是陆军对行动环境及其中预期行动的正式描述，并被写入条令条例予以执行。

如军方文件所规定，为了更好地了解对行动环境本身的某些期望，有必要解释其中的首要原则。尽管这里的正式定义与战场上的实际情况之间可能存在很大的差距，但是对于了解如何向人员提供环境模型很有意义。

主动性（initiative）被定义为决定战斗的多变的行动状态。此外，陆军将主动性描述为一种"进攻精神"，用于执行作战行动。主动性被认为是一种整体性方法，是一种持续的、脆弱的平衡努力，用来迫使敌人跟随陆军的目标和步伐。对于单兵和部队领导来说，他们期望在指挥目标规定的框架内采取个体行动。此外还预计 EOD 工作应对需求进行预测，并在上级确定需求之前采取行动。

友军在敌方机动前采取行动是敏捷性（agility）概念的关键。具体来说，EOD 被视为任务导向型组织，能够对每一种情况作出快速而集中的反应。深度性（depth）是指将时间、空间和陆军资源拓展运用于军事行动。EOD 被视为对整个战区的支援，保护指挥官的行动自由，通过减少和消除爆炸物对人员、行动、设施、物资和任何维持作战所必需东西的威胁，拓展更大规模组织和行动目标的灵活性和持久性。

利用所有资源使战斗力最大化是同步性（synchronization）过程。后勤保障等活动在整个行动过程中得到协调。EOD 活动通过提供"保护、机动、火力、安全和情报"，控制爆炸物威胁并服务于同步性过程与结果。此外，对 EOD 人员提出了一个明确的期望，即与同步性过程的所有方面协调行动，还包括对预期的明确要求及了解敌我关系相关的专业知识。多功能性（versatility）的核心是认知、情感和身体从一个任务转移到下一个任务的能力。对于 EOD 人员，这一原则意味着他们应该能够轻松且专业地支援各类战术、战役和战略系统。

从敌军的角度来看，使用简易爆炸装置等武器的一个重要优势是，它们不是批量生产的，而是手工自制的。因此，简易爆炸装置是难以预测的武器，因为其不仅布放策略多变，而且制造技术难度相对较低，且具有持续性威胁和总体有效性。虽然军事训练和行动态势的正式描述是成功执行任务的关键要素，但个人经验和对每个人的了解仍是每支队伍的重要优势。

五、任务

EOD 人员为了在其所有层面的工作上取得成功，必须能够执行个人任务和协作任务或者多人合作努力来完成行动。团队的结构和规模取决于军队的正式指导方针，也取决于工作的性质，在某种程度上还取决于所使用的技术，如机器人。团队任务在许多方面不同于个人任务，包括成员之间的协调和沟通（Nieva et al., 1978；Naylor et al., 1969），以及团队成果对所有成员表现的依赖性（Steiner, 1972）。

由于 EOD 工作的性质，每一次任务场景都是独特的，因此即使遵循标准的安全与处置程序，团队也必须具有一定程度的持续性内部规划、决策、谈判或概念性任务。森德斯特伦等（Sundstrom et al., 1990）将军事团队描述为"需要在不可预测情况下即兴发挥的简短表现活动中互相合作的高技能专业团队"。在大多数情况下，这一特征似乎符合 EOD 的团队合作。EOD团队使用的机器人作为工具可帮助完成联合任务，这是团队日常工作的一部分；因此对于许多人类操作员来说，在训练演习、日常维护和任务之间存在某种程度的人机交互，其作为一种日常活动，持续时间从几分钟到连续几小时不等。然而，并不是每个团队成员都直接操作机器人，或与机器人一起工作。个人角色因领导能力认证及专业训练和任务分配而异。如前所述，每个 EOD 小组的标准人数在各军种之间也存在差异。根据陆军对 EOD 军事职业专业（military occupational specialty，MOS）89D EOD 专业士官的规定，概述了五种"技能水平"的具体职责。这些职责列举了行为性任务清单，涉及身体行为的职责包括准备技术情报和事故报告，确定爆炸物埋藏位置，辐射监测，为经验不足士兵提供技术指导，必要时制订新的安全与处置程序或加以改进，当行动范围内存在未爆弹药时通知指挥官等。

除了前四种技能水平规定的职责，队长的职责还包括监督团队的安全和训练、转移爆炸物、决定如何转移爆炸物和采取何种防护措施。他们还担任 EOD 小组与指挥官及其参谋之间的联络人。在保护总统和其他重要人物的情况下，队长向高级特勤人员直接提供专家建议，并根据支援请求充当 EOD 团队与美国联邦调查局（FBI）、烟酒枪支和爆炸物管理局、民事执法部门之间的联络人。

然而，与排爆工作相关的概念性任务或社交互动任务，诸如规划合适的行动方案、谈判方法、队内决策等，是各种各样的、处于特定位置的、具有时间动态性的、高度依赖具体情境的（Stewart et al., 2000）。研究 EOD 团队概念性任务的一种方法是借助相互依赖性（interdependence），或团队成员为完成任务而相互合作和互动的程度（Campion et al., 1993）。成功的 EOD 团队需要高度相互依赖性，每个人都相互依赖以获取信息、材料和相互参与。

我们可以合理地假设，将机器人形式的新技术引入这一动态之中，这种机器人会具有越来越拟人化的设计，能够执行更复杂的任务，可在更高水平上进行沟通，与人类交流的信息更丰富，将影响当前的团队体制结构，并可能引发某些行为性任务或概念性任务的重组。对于这组新的变量，需要继续开展研究，探究其如何增加或减少人–机器人相互依赖的程度，如何改变目前的 EOD 团队动态模式，以及由此它将如何影响新训练模式的实施和任务成果的实现。

第七章
开 展 行 动

在其相对较短的历史中，许多人–机器人交互研究都基于人–计算机交互和人类心理学，并通常结合正式的数据收集方法，如研究参与者自我报告或生理与行为测量。负载情感和文化的东西，如人类体验和社会互动，可以被正式分析，提供关于日常生活的丰富细节。这类正式调查或研究的方法之一是，确定直接经历过有关现象的人员，对其进行深入访谈，考察他们回答中的模式数据，以揭示个人呈现的社会交互内部结构。社会交互是可以被描述的，这意味着除了任何附加的品质或情感之外，它们还拥有信息化内容。

上述研究过程有很多模型，大多数模型是根据一系列阶段设计的。在这一时期的人–机器人交互用户期望研究中，研究者的目标不一定是提出一套通用的启发式设计方法来有效地构建人–机器人交互，也不一定是对某一确定群体中所有用户对与机器人互动的期望进行理论化。相反，这项研究在特定的场景下仔细考察了一组特定的用户。研究特定的终端用户群体及其对机器人的期望，可以让我们首次洞察到处于类似情境的其他人是如何作为一个团队或在与机器人协作的情境中进行互动的。基础性工作不仅提供了对所探索内容的描述，而且是理论生成的基础。因此，本研究采用定性资料收集方法，重点是收集观点阐述。

这项工作代表了试图理清 EOD 工作中基于个人和情境的复杂人为因素的第一步，从而为考察贯穿机器人高效发展全过程的用户端影响和变量奠定基础。

这一领域的长期研究可帮助改善部队的机器人训练；提高机器人开发规范性，以降低任务相关风险；改善国内外冲突环境中的作战人员和平民安全。更广泛地说，研究结果可被应用于开发在各种人类协作/团队或训练情况下都能高效运行的机器人，特别是在充满压力的情况下（例如太空、国防和人道主义救援等）。

本研究对基于个体感知和经验的 EOD 人员人–机器人交互实践进行了探索性研究。具体地说，对这类人–机器人交互体验的考察主要考虑以下两个目标：

（1）从经验、期望、情感和行动的角度描述这部分用户的日常人–机器人交互。

（2）全面了解这些用户的日常人–机器人交互。

本书探讨的问题最近才成为一个新兴的学术领域，因此这项工作在本质上仍是探索性的。

一、研究调查策略

为了实现上述研究目标，必须制订适合的研究策略，以便全面考察复杂的用户群体，以及其活动、过程、文化和相互关系。由于开展这项研究所选择的总体策略，需要以丰富的方式支持对 EOD 人员使用机器人经验的理解及后续描述，因此必须收集足够的数据来解决提出的指导性研究问题：

（1）影响或限制日常 EOD 人–机器人交互的活动、过程和环境是什么？

（2）哪些人为因素塑造了（机器人）技术？

这些问题适用于侧重于理解和描述某种现象的研究方法。林肯和古帕（Lincoln et al.，1985）确定了一些构建定性研究调查的原则，并将这些观点描述为"定性研究通常假设世界上存在多重现实，即世界不是客观存在的，而是个人互动和感知的产物。这是一种非常主观的现象，需要的是解释而不是测量"。用这种看待人的方式考察整个复杂系统，而不是试图将研究结果简化为线性的因果关系。

定性研究方法通常用于提供有关环境、活动、参与者、事件和过程的详细描述时。这种方法旨在描述现象，而不是关注结果。根据多梅根和弗莱明（Domegan et al., 2007）的观点，"定性研究旨在探索和发现关于现有问题的问题，因为人们对此知之甚少"。巴顿（Patton, 1990）强调，定性研究方法"特别适合面向探索性、发现性和归纳性逻辑"。因此，由于我们对 EOD 这一特定研究领域知之甚少，针对其的研究策略的目的是归纳和发现人们如何理解事物和解释其周围的世界。

这些数据收集和分析方法支持更高的可能性，以便深入了解构成 EOD 人–机器人交互的复杂因素。简而言之，本研究不是试图量化研究结果或发现其中的统计学意义，而是使用非数学程序来揭示复杂的内部现象。

二、个人声音

探索性研究并不总是试图在某一群体中发现一组具有代表性的人，而是对某一领域有公认经验和见解的人进行调查。因此，本研究采用了一种非随机抽样方法，称为目的性抽样。

这项研究的参与者必须满足多项要求才能入选，入选标准包括：

（1）以前或现在服役于美军某一军种。

（2）受过与机器人一起在野外工作的训练。

（3）具有一定时间的军事领域机器人工作经验。

此外，如果报名者在机器人方面的经验仅限于无人机，或全自主机器人，或者他们只有在军事环境之外使用机器人的经验，则不符合入选标准。

共有 23 名 EOD 人员参加了问卷调查和访谈。作为一项以个人经验为中心的 EOD 人员–机器人交互研究，研究针对的 EOD 人员样本是自我认定的长期半自主机器人用户，并受过与机器人一起工作的特殊训练。因此，确定研究参与者非常关键，招募方法针对的是具有某些特征的个人。

与抽样对象问题密切相关的是抽样规模问题。在数据收集方面，理论性饱和（theoretical saturation，Glaser et al.，1967）是指在研究过程中不再发现额外数据、可以开始分析的节点。因此，在类似研究中，很少会为了获取足够数据而规定参与者的具体数量。在本研究中，23 名参与者被确定为合理的样本量，因为在数据收集和分析过程中，采用本章介绍的研究方法并未发现新的信息。

三、叙述作为数据

本研究的数据来自两个渠道：问卷调查和半结构化访谈。研究采用的问卷既包括回答选项有限的封闭式问题，也包括鼓励参与者写下自己答案的开放式问题。开放式问题的优点包括有可能从被调查者那里收集意料之外的数据，以及收集人们用自己语言表达的信息（Fowler，1988），这符合本研究中的探索发现指导原则。

问卷调查的数据结合访谈获得的信息，提供了足够的材料来描述和分析参与者在加入 EOD 之前，以及从开始接受 EOD 训练到整个职业生涯内，与机器人互动及对机器人的期望。

为了让研究人员了解参与者的经历，他们必须建立和培养信任，以便参与者感到足够安全而能够分享他们的故事（Charmaz，1991）。除了收集数据外，问卷调查是研究人员和参与者之间的第一次实质性互动，超越了最初的人员招募和研究情况介绍的管理流程，并提供了建立融洽关系的初步机会。建立融洽关系对于建立研究关系至关重要，这种关系使研究人员能够了解参与者的故事，并促使其祖露心声（Goodwin et al.，2003）。由于本研究参与者的故事具有与军事环境相关的敏感背景，因此其中一些故事是其自我确认的，因与某些方面经历的个人创伤相关，之前从未与朋友或家人分享过。一些参与者解释说，为了避免朋友和家人担心，他们不会讲述与 EOD 工作危险相关的故事，并且在与研究人员分享之前从未详细讲述这些故事。有时，参与者也担心会泄露某项任务的秘密，因此不会主动提供细节，或隐瞒他们认为必须忽略的细节。因此，探索与这些经历相关的信息并不总是一个容易的过程。问卷调查除了对收集信息有价值外，还有一个额外的好处，那就是参与者参与研究过程的这种方式对情感的触发作用可能要比随后的直接访谈要小，从而为研究设计了一个没有威胁的空间，并为研究者和参与者之间的互动设定了基调。

访谈提供了丰富的方式来收集如参与者在观察人-机器人交互后的态度和经验等信息。访谈通常是用来发现无法直接观察到的东西。半结构化访谈的动态性和交互性允许对感兴趣的、相关的或重要的问题进行跟进和澄清。在这类访谈中，研究者事先确定了一些需要探讨的话题，但并非所有的问题都是提前设计和提前准备好措辞的。访谈也是一种不太正式的调查方法，可以按照双方熟悉的对话方式灵活开展。

本研究采用的访谈结构允许自发评论；然而，如果参与者没有自发地深入描述感兴趣的问题，则研究者应采用对话式调查，努力让参与者对问题进行额外叙述。这种结构使访谈参与者能够详细地讲述他们的经历，提出问题，重新组织措辞以获得理解，并可以偏离相关话题。

这项研究在本质上是探索性的，侧重于发现问题，因此不打算测试初步概念模型的概括性或预测能力。相反，我们通过各种手段收集数据，然后进行归纳分析以识别和表征相关现象中的行为模式、维度和相互关系。

四、EOD 协作的人类动力学

贯穿整个分析过程的研究目标是确定以下两个研究问题的回答数据：

（1）影响或限制日常 EOD 人-机器人交互的活动、过程和环境是什么？

（2）哪些人为因素塑造了（机器人）技术？

为了对每名参与者的背景进行更详细的描述，在数据分析中应结合每位参与者的问卷调查结果与相应的访谈记录，以便更深入了解个人的经历。阅读问卷调查结果及访谈记录，也有助于了解该群体的基本特征。因此，在数据可以分析出人员类别和主题等结果之前，确定 23 名参与者的基线特征很有帮助。

　　所有23名参与者在半结构化访谈前完成了问卷调查。在23名参与者中，男性22名，女性1名。年龄在22～49岁，平均34岁。美军五个军种的分布情况如下：陆军15名、海军2名、海军陆战队1名、空军5名、海岸警卫队0名。除了原军种外，5名参与者还在国民警卫队服役，1人在空军预备役部队和美国预备役部队服役。服役年限从3年到28年不等，平均13年。2名参与者自愿提供他们已退役的信息；1名参与者报告说他计划在年内退役。美国国防部并未向公众公布EOD人员的人口统计数据，因此我们不知道这一采样标本是否能够准确反映整个美军的人员状况。

　　为了更全面地了解参与者在参加EOD标准训练和获得个人军事经验之前对机器人的总体认识和期望，调查询问了他们在服役前与机器人的互动情况（如果有的话）。为了更全面地了解参与者在EOD工作之前接触机器人的情况，回答选项包括通过科幻小说和玩具等文化媒体接触，以及与真实机器人的互动。10名参与者声称之前有过真实机器人互动经历，但大多数人表示军事体验之前仅通过玩具或科幻小说接触过机器人。

　　第二个问题与先前使用机器人的经验有关，旨在澄清参与者接触机器人或与之互动的任何场景，重点是工作场所的接触。10名声称在军事工作之前与机器人有过接触（包括非工作环境的相互接触）的参与者，在问卷中回答了他们接触机器人的具体情境。

　　更详细的回答包括：

（1）遥控玩具，如可编程遥控坦克。

（2）设计/制造自动化装配线设备的工程师经验。

（3）工业机器人大学本科课程。

（4）战术机器人。

（5）拆弹机器人（如Talon、PackBot、Andros、Vanguard）工作经验。

（6）家用机器人装备。

（7）Roomba（家用吸尘机器人）。

（8）科幻小说、电影。

另一个深入了解参与者对机器人总体看法的尝试,是让他们对"机器人"名词下定义,这个问题在问卷调查和访谈结束时均向参与者提出。重复这个问题的目的是让参与者有时间进一步思考他们对机器人的概念,如果合适的话,在访谈结束时完善或扩展他们的第一次回答。

在回答调查问卷问题时,参与者在他们对机器人的定义中无一例外地使用了以下一个或多个词组:工具、设备、系统、机器或(电子)机械。访谈中对同一问题的回答基本类似,偶尔会进行扩展阐述(完整的问卷和访谈文字答案见附录)。有趣的是,在文化上注意到,参与者提供的机器人定义没有一个是相同的,即使是作为同一群体接受严格训练并灌输过类似观念且为同一组织的人员(如 EOD 人员)。在许多情况下,同样的人几乎可以死记硬背、一字不差地告诉你其他常用军事术语的定义。然而,他们对机器人的定义直接来自个人的经验空间,情绪化且不一定只融入训练之中。

此外,现在这些参与者都用"工具""机器""机械"和类似的非生命词汇来形容机器人。从语言和人-机器人交互的历史地位来看,这一发现非常重要,因为基于我们所知道的人类与其他技术交互方式的改变,类似场景中的机器人定义也可能随着时间推移而改变。十年或二十年后,以类似于 EOD 的方式使用机器人的人可能会在他们对机器人的定义中使用"队友"、"伙伴"或"士兵"等词,因为技术不断变化,人们使用技术的方式不断变化,技术融入文化的方式也在不断变化。

从研究数据中产生的两个概念主题是人-人交互模型(human-human interaction model,HHIM)和机器人适应困境(robot accommodation dilemma,RAD)。对访谈数据的分析揭示了不同的信念、价值观和策略模式与成功的 EOD 人-人交互有关。这一系列人为因素在 EOD 文化中被称为人-人交互模型。参与者同样将这些相同的因素确定为人-人成功协作的重要部分,但很少有人报告说其存在于日常的人-机器人协作之中。相反,新兴的人-机器人交互模型在一组一致性主题中包含了受访者对机器人的矛盾情绪和期望,这些情绪和期望在本研究中被统称为机器人适应困境理论概念的一部分。

第一个主题,人-人交互模型,是参与者在组织和团队层面与 EOD 群体内其他成员进行沟通和联系的社会框架。参与者描述了他们最初在"校舍"接受高强度专业训练期间的挣扎，以及他们如何成功地应对智力和融入方面的挑战。

在"校舍"训练期间，他们作为 EOD 群体的新成员，通过与来自各军种的其他学员集中在一起共同训练而建立联系。然后他们作为团队的一部分，参与持续性的学习活动和日常行动，并为完成任务成果而极其谨慎地进行互动。为了调整、适应和克服个人问题、挑战和干扰，参与者需要协同努力，对所有这些挫折和恐惧进行内部调节，以便摆脱开始时对新的 EOD 工作环境感到不舒服的状态，轻松努力地学习，从而朝共同的团队目标前进。为了在 EOD 工作中取得成功，参与者确定了人与人之间协作的关键因素，并在分析过程中将其进一步分解为信念（beliefs）、价值观（values）和策略（strategies）三大类。

尽管本研究中并未设计关于 EOD 工作人–人沟通最佳实践的具体问题，但是参与者在没有明确提示的情况下提出了这个问题。关于成功人际交互的概念是从访谈数据中产生的，在本项工作中被定义为信念、价值观和策略。在分析过程中，"信念"被定义为一种个人认为某一命题正确的状态，通常通过举例来说明他们对自己作为排爆员这一角色的思考。"价值观"是指参与者的一种反应模式，根据参与者的经验和 EOD 工作的内隐及外显需求，反映参与者的是非意识或要达到什么结果；价值观倾向于影响态度、行为和个人的行为方式。"策略"一词是指数据中的反应模式，描述了参与者成功完成工作所采取的具体行动。其中一些行动可以在训练中正式学习，而另一些则是在工作中通过文化交流非正式获得。

在参与者的回答中，这些信念、价值观和策略自然而然地形成了 EOD 自我认同的概念，不仅是各种竞争力的总和，而且是关于他们个人和集体有能力行使竞争力的信念，尤其是在充满挑战的情况下。一个重要的关于信念、价值观和策略的总体概念是参与者自信地认为，他们能够在动态和具有挑战性的 EOD 工作条件下有效运用其专业技能和核心竞争力。

从对 EOD 训练的访谈描述中可以看出，通过模拟行为、工作经验、态势分析反思及生理和情绪高激发下的效能实践,训练可以为学员提供发展核心竞争力的条件。尽管 EOD 任务存在各种不同的变量,但参与者一致表示,他们所掌握的用于实施安全程序的技能、经验和资源在不同工作环境之间是可以转移的。受访者的声音是最终的数据。这里引述的是具有代表性的内容,有助于充分说明受访者的想法和感受。

本研究中的所有参与者都使用假名,以保护他们的身份。由于 EOD 群体与军队其他组织相比规模较小,明确的机器人名字也会过多暴露参与者的细节,因此不能在研究结果中公开。为谨慎起见,最终对个人叙述中提到的机器人名字也做了修改。对于其他潜在的辨识信息,如提及的具体地理位置,我们在引用时已经进行了编辑。除此之外,其他所有转录节选内容则保持完整。

五、相信这项工作独特且富有挑战性

访谈的第一个问题集中于每位参与者选择 EOD 作为职业的原因。各种各样的答案显示了选择 EOD 工作的各种个人原因,从签约奖励的金钱动机到对征兵人员建议的响应。我们发现了人们将 EOD 作为职业并享受它的潜在动机,表现为两种总体模式:①认为 EOD 工作具有独特性,特别是与其他军事团体相比;②EOD 工作具有隐性和显性挑战。独特性和挑战性的概念值得分别探讨,以便区分这些紧密联系的概念;本研究中对这些概念的定义有所不同以便相互区分,正如参与者在其回答的上下文中所隐含表达的那样。

尽管对于脱离上下文解读答案的读者,挑战可能被认为是消极、不利的,但参与者通常采用积极的术语来描述挑战性想法。参与者选择使用“挑战”这个词可能源于共同的军事文化语言,但在参与者的回答中,这个词始终描述了与在困难情况下取得积极成果相关的一些东西。需要强调的是,这对他们的个人身份认同和作为 EOD 小组成员的身份认同特别重要。

“独特性”一词来自参与者自己在访谈中的用语,因为受访者反复用该词来描述其对 EOD 人员和工作的看法,包括他们对该领域的最初向往和对职业的持续满意度。独特性的概念与参与者的自我认同愿望有关，即他们希望无论是在总体上还是在军队中都拥有独特的职业生涯，并且认为 EOD 工作符合他们对独特性的定义。参与者的数据中出现了一个共同的模式，描述了对独特职业生涯的这种渴望，紧接着，他们声明他们相信 EOD 工作和文化是很好的职业选择，因为它符合他们现有的独特或不寻常的个性、智力或社会特征。

此外，这种对 EOD 独特性的信念常常建立在 EOD 人员特殊、有趣的特立独行者和个人形象的神话（mythos）之上。数据中产生的模式表明，这种神话主要基于以下两点：①EOD 工作强调对风险的个人（及团队）评估，并强调有效的团队间沟通；②参与者与 EOD 人员的互动有助于形成这种形象，并在他们加入该工作之前影响他们对工作的看法。这种在军事组织中保留或表达个性的概念，在参与者解释 EOD 工作最初对他们的吸引力时，是独特性的一个重要特征，并成为 EOD 文化的一部分。EOD 作为独特群体的感觉体现在这句话中：

> EOD 以前很像特种部队，你知道，谁也不知道他们这一小群人在干什么，他们坐在基地的角落里。你知道，他们几乎都是做自己的事。每个人都不去招惹他们。（阿克塞尔，26 岁，陆军中士）

尽管 EOD 相对独立，但仍与军队密不可分，表明这种独特性的双重性质令人向往。以下回答也说明了军队内部存在个性化理念：

> 这并不是军队里日复一日的严格要求。一个步兵每天都会按照惯例做同样的工作……每天按照惯例练习同样的动作……我们工作的一方面是保持独特性和个性化，同时仍遵循一定的指导方针。我们能够以不同的方式处理每件事，用我们的想象力去战胜问题。在小团队中工作，这无疑是一种独特的挑战。这很有趣。（欧文，31 岁，陆军上士）

欧文的话在参与者中非常有代表性，他在同一段话中使用了"独特性"和"挑战"，并形象地将"独特性"和"挑战"的概念联系在一起。

罗伊（Roy）在接受访谈时描述了 EOD 工作的"氛围"，他提到了奥斯卡获奖影片《拆弹部队》(*The Hurt Locker*，2008)，以此来暗指 EOD 神话的后半部分。他解释说，这部电影是建立在虚构基础上的文化试金石，也是非 EOD 人员如何看待现场排爆人员的模型，而不管实际排爆人员是否认为这一描绘符合现实。

> 实际上，我是为了钱才选择了 EOD。16 岁时，我真的一无所有，我参加了空军的征兵考试，我能够胜任所有的工作。我真的……我当然想与众不同……我想做一些独特的事情……但是 EOD 职业领域很高的淘汰率吸引了我……我爸爸也是空军预备役军人，我有一次去参加他的预备役周末，他们举行了一场家庭野餐，而且我记得看到过那些 EOD 家伙，只是看到过他们。和在场的其他空军人员相比，我从来没有真正放松过。他们大声欢笑，互相开玩笑，当你和他们交谈时，我的意思是，他们可以把幽默放在一边，你可以知道你正在和一个可以在相当高的智力水平上与你进行交流的人交谈。所以这对我来说真的很有意义。
>
> 除了通过我们的初级课程，我们还要通过学校课程，我们的初级课程一开始有 30 人。在这 30 人中，最终只有 3 人顺利毕业。所以我从事该职业领域的时间越长，我就越傲慢自负——你知道，我就走得越高。我们的周围都是这种气氛。
>
> 你知道，当人们听说这就是你在空军所做的工作——所以在电影《拆弹部队》上映之前，很多人并不明白我们做什么。他们不知道，他们从来没听过"EOD"这个词……他们真的不知道我们做了什么，只是看见我们带着很多东西在基地里走来走去，只是因为没有人真正知道我们应该做什么。所以，这就助长了"嘿，我们是 EOD，我们是基地里最聪明的人。"（罗伊，27 岁，空军上士）

罗伊在这里描述了一种不仅是身体强健意义上的活力和激情，而且在某种程度上明确了军队成员对其他 EOD 成员的视角，他们整体上具有独特的行为举止，明显与众不同。赫克托（Hector）讲述了他发现 EOD 工作的故事：

　　我在先导车里，所以我负责发现所有的简易爆炸装置，并处理它们，然后和 EOD 人员一起工作，把他们带到那里并做记录。我真的对他们印象深刻，因为在那之前我甚至不知道什么是 EOD。那时我已经待了八年了，仍一无所知，所以我对他们印象深刻。他们气势锐利，随时能够搞定一切麻烦。在军队里，总是有我称之为混蛋的家伙。他们只是在那里，因为他们不能在别的地方工作，在别的地方也找不到工作。EOD 人员没有这些毛病。这才是真正让我印象深刻的，这也是一种兄弟情谊。他们互相照顾。他们是我见过的最好最聪明的人，所以我想成为他们。

（赫克托，27 岁，陆军/国民警卫队中士）

　　赫克托提到 EOD 人员气势"锐利"、能够"搞定一切麻烦"，这进一步加强了其对他们的印象，即他们明显不同于其他部队，令人印象深刻。

　　在访谈过程中，当更深入地探讨这些想法时，参与者还认为，EOD 工作的独特性质在于其目标和结果是预防性的而不是破坏性的。军队中还有其他一些军事行动单位，具有预防而非销毁的类似目标，但 EOD 工作结合了所有参与者认为值得拥有的要素，如持续的、严格的身体、精神和情感要求及挑战，以及需要个人不断投入以提高训练和技能的文化氛围。

　　访谈交流中体现了 EOD 职业这方面独特性的另一个例子：

　　布雷迪：我想我成为一名 EOD 技术人员的原因是，这是军队中为数不多几个不需要开枪就能帮助人们的工作之一……我的工作是让炸弹消失，而不是投炸弹，你知道吗？所以这就是我的动机，差不多就是这样。我会和那些曾经是 EOD 技术人员的人交谈，他们告诉我，这比一般的军队生活要轻松一些……对组织拥有更亲近的家庭般的感觉，而不仅仅是"做这个，做那个，是的，中士，不，中士"。

　　研究人员：这很有趣，你说看起来"更为轻松"。你能告诉我更多的情况吗？

　　布雷迪：嗯，我想因为这确实是一个压力很大的环境……当你真的在那里工作和交流的时候。但当你不上班时，其他事情看起来就很乏味，即使它们对其他人来说有很大压力。相比之下，这对我们来说没什么大

不了。所以我不知道，比如说，如果一名普通步兵告诉他手下新兵去做
某事，他就必须去做。你知道，中士开始让他做俯卧撑，这家伙会为此
感到压力。不过，只是俯卧撑而已。那又怎样，谁在乎呢？你知道的？
（布雷迪，28 岁，陆军中士）

正如布雷迪所说的那样，重要的是指出，参与者所描述的独特性不仅来
自以自我为中心的美好概念，也来自他们通过自己的工作给他人带来实实在
在积极影响的感觉。西蒙（Simon）的解释是许多参与者对 EOD 工作总体
积极感受的典型代表：

> 你所做的是很少有人能做到的事情，你知道，当一天结束时走出办
> 公室，关上灯，锁上门，你就改变了一切。（西蒙，49 岁，海军陆战队
> 军士长）

西蒙恰当地总结了一部分 EOD 工作的日常动力，这些动力的核心不仅
仅是个人天资，还包括运用技能的能力，以确保军人和平民在敌对环境和情
况下的安全。

六、重视与同伴的密切关系

与独特性相关的是，几乎所有的参与者，不管是哪个军种，都提到在
EOD 人员中感受到了兄弟关系、手足情谊或家庭（他们自己的话）的感
觉。早些时候，赫克托谈到他对 EOD 人员之间相互关系的印象，认为这
是他对这项工作持续向往的一个重要部分，"这才是真正让我印象深刻的，
这也是一种兄弟情谊。他们互相照顾"。从参与者的故事中可以看出一种
模式，即他们高度重视与其他 EOD 人员建立这种紧密联系的重要价值，
正如西蒙所说：

> EOD 人员所做的为数不多的事情之一，就是我们互相交谈。我们
> 是一家人，无论你走到哪里，你都有地方住。你有一个大家庭。如果他

们佩戴 EOD 徽章，他们就是你的家人。也许这有点不正常，但他们确实是一家人。

西蒙解释说，团体成员的纽带关系不仅仅是与所认识的人一对一的关系，还延伸到他认为是 EOD "大家庭"成员的任何人身上。他还强调了"交谈"和沟通的做法，以此作为成员之间紧密联系的基础。这种群体内的归属感表现为一种有形的东西，并受到访谈者的重视。当然，家庭概念包容性的另一方面，是对那些不属于同一群体者的排他性。许多参与者认为他们第一次在"校舍"训练的经历使他们成为有凝聚力群体的一部分。那些没有能力的学员因训练过程的严格要求被排除在外，而那些留下来的学员则被纳入 EOD 合格毕业生的精英圈子。赫克托介绍了训练的重要性及随后群体成员范围不断缩小的过程，以及这一经历与他在"校舍"前的陆军训练经历有何不同：

> 作为一名工程师，这是一门很重要的军事课程，你知道你不会失败的。没有人会失败。即使是一点都不聪明的人也不会失败。他们帮你渡过难关，不管你要做什么，他们都会支持你。所以我讨厌这样。你知道，如果你通过了测试，那应该是因为你通过了测试而且做得很好。但 EOD 不是这样的。如果你失败了，你就出局了。你被学校踢了出来。你掉队了，就是这样。我真的很喜欢这种方式。如果留下那些连引体向上都无法完成的家伙，即使他们是好人，他们也可能会导致你的战友被杀死。所以我不愿也不想和那样的人一起工作。（赫克托，27 岁，陆军/国民警卫队中士）

从上面的例子和整个研究可以看出，EOD "校舍"训练和 EOD 日常体验在精神上和情感上都被严格和苛刻地记录。我们基于这一认识制订了调查问题，以确定与"校舍"严格训练和日常 EOD 工作相关的问题，并要求受访者从情感角度描述这些情况对他们的影响。

马库斯（Marcus）这样总结他对"校舍"初级正规教育的感受：

　　这是我参加过的在学术上最具挑战性的事情……但是，这是非常值得的，它赋予我一种在军队中很少有人认同的视角和看法，我觉得是因为没有更好的词，"精英"和独特的东西，是的，我们是大人物。是啊，能够成为这一兄弟般群体的一员真是太棒了。（马库斯，32 岁，空军上士）

　　由此出现了一种模式，参与者将"校舍"训练这一初步筛选过程描述为显著影响新 EOD 人员的社会凝聚力的过程（Kirke，2009；MacCoun et al.，2010）。美国军队由许多正规组织构成，具有严格的指挥体系等级，如陆军＞军团＞师＞旅＞营＞连＞排＞班。

　　其他正规组织（如 EOD）是更大等级制度的一部分。参与者反复指出，"校舍"是他们在组织层面上感觉自己是 EOD 文化一部分的重要地方。在"校舍"中，EOD 的社会结构通过共同训练而得到部分构建，新的组织成员学习了解跨军种统一的正规技术流程和行为规则，如实施安全程序。

　　此外，"校舍"是他们开始学习一些 EOD 行为准则的地方，如任务期间的持续言语交流。EOD 人员似乎在第一次正式训练期间就表现出了独特的态度，随着这种态度的出现，在他们被分配到一个较小的单位之前，单兵的第一感觉就演变成了"我们"，或者说属于这一级别 EOD 的感觉。这种个人身份认同是一部分社会结构与军队作战结构交织在一起的结果。

　　当他们沉浸在自己在军队中的新角色中时，他们的家庭意识或群体联系感在一定程度上依赖于与那些成功驾驭"校舍"环境的同伴建立联系。分享共同的学习和生存经验将对参与者产生影响，参与者将其描述为挑战性的、最终压倒性的积极体验，由此产生了在 EOD 领域成功工作的具体策略模式。杰德（Jed）在一篇典型评论中表达了他们对"校舍"的持久印象，他分享了自己的记忆：

　　那是……一天八小时的教室。好吧，不是教室。每天大约训练八个小时，然后晚上通常在自习室学习一到三个小时，所以信息量很大。大

量测试和性能评估很快向你袭来。你需要经受这一切并确保不落下所有
的东西。所以，是的……我记得的只是……这几乎是一个非常非常好的
时刻，因为你每天都和一群好伙伴在一起。你和同学们关系很好，同时
你也在尽可能快地吸收他们向你灌输的所有信息。（杰德，41 岁，海军
二级军士长）

七、学习生存文化策略

从这些数据中可以看出，访谈者为了作出改变生活的任务决策，在处理
应激和认知超负荷方面采用了特定的策略，如情绪的划分和团队成员之间有
目的的知识交流。据参与者称，这些策略是通过正规训练和他们对 EOD 文
化与实践的观察来学习掌握的。

不管其是哪一年接受"校舍"训练的，参与者都将这种经历描述为"充
满压力"。或许更重要的是，压力与积极情绪有关。正如杰德所指出的，训
练"充满压力"，但是"你仍要完成你必须做的事，事后再处理应激"。"压
力"或"应激"这个词经常附加在积极情境或结果上，特别是一些可以导向
目标的事情，或是为了专注于任务而故意忽略的事情。

另一位参与者奎恩（Quinn）解释了他认为压力是如何在危险情况下成
功触发他的训练反应：

当时我认为这是一种很好的压力，因为训练占主导地位。（36 岁，空军技
术中士）

参与者还确定了工作满意度与工作对精神和（或）身体的挑战之间的密
切关系。罗伊表达了他对富有挑战性工作的渴望，如果没有这种程度的职业
投入，他在一段时间内会感到不满足：

在加入 EOD 的最初四年……在我们大量投入之前（具体位置删
除）。我的上司真的很棒，我为自己所做的事情感到骄傲。他们让我不

断投入，不断挑战。当我去往第二个救援所时，这是一家规模小得多的单位，有着截然不同的使命……两年内我们只执行了一次任务。两年来在美国只执行了一次记录在案的应对任务，而且出勤的范围很小，基本上可以被美化为垃圾处理工，所以我真的很难有工作满足感。基本上我会在早上来上班，在我现役生涯的最后十个月里，我在美国国内没有执行过一次任务，所以我真的很难有满足感。（罗伊，27 岁，空军上士）

参与者常常将挑战和压力之间的联系解释为，通过将这些状态识别并划归为单独条件而予以（有目的或内在）平衡的东西，以便能够在 EOD 工作相关异常情况下生存。马库斯介绍了他对同伴中情感划分的观察经验，以及他对利用情感分离来管理工作压力的见解：

我们有一种独特的能力来过度划分情感。所以……这项工作确实充满压力，但我们倾向于……我注意到，我倾向于在事情结束后感觉到压力，而不是在事情进行的时候。我有点超然于这样一个事实，你知道，这是一个生死攸关的时刻，最好的做法是把注意力放在手头的事情上。然而，你知道，事后才可能会有一些害怕的想法。（马库斯，32 岁，空军技术中士）

情感划分是受访者确定的几种策略之一，在日常工作协调中占据重要位置。为了应对挑战而划分情感的例子，特别是在"校舍"毕业后的实际工作中经常被讨论。参与者有时解释说，他们认为，这种情感划分可能是人们从军事训练中学习到的，并且是在考虑到结果的情况下发展和应用的，以便人们有效执行任务。然而，这些参与者也非常清楚自己在工作时间分离情感（如恐惧）的能力，并对这种偏好进行了反思，有时将其归因于自己的个性，以及通过训练或经验学到的东西。

在下面这段话中，西蒙（Simon）反思了他将手头任务和决策与思考其行为可能带来的长期负面后果相分离的能力：

这是我的工作。真奇怪。你不考虑结果。你只关心眼前的事。直到事后我才想起那些事。因为这对你没什么好处。因为只是想到那些后果，你就可能犯错，但通常干我们这一行，你不能犯错误。（西蒙，49岁，海军陆战队一级军士长）

拉沙德（Rashad）解释说，必须将当前的个人安全问题与更为全面的使命相关任务分离开，以及如果他能够、他如何和为什么有目的地将情感与工作分离开，只是为了能够活下去：

直到一个朋友死了我才受到影响，但是……在我们部署的前12个月里，我有点担心我对……他们缺乏感情，我们的工作充满了血腥。我们进入……我周围到处都是死人之类的东西。除了美国伤亡人员或其他在感情上有困难的事情，死去的恐怖分子或类似的东西不会对我产生负面影响。在压力方面，比较明智的是……真的没有太担心简易爆炸装置会爆炸之类的事情。我只是有点实际地认为"担心这些不会有任何帮助。我只需要全力以赴。我需要能够放松"。

我觉得有点……我不认为如你想象的那么匆忙，但我必须经常做的事情是，能够从安静或不活跃、不做任何事情，迅速转变为紧急状态。你每天都会巡逻几小时却什么也没有发生，然后突然，砰的一声！一切都发生得很快，有点像……在你的脑海中快速切换……现在是工作时间，你的大脑专注于你需要做的事情，而其他事情几乎都会从窗口消失。只要你有事情要做。

现在其他时候，当我坐在汽车后座上受到伏击时，我根本没有什么可做，只能看他们是否向我们开火。然后大脑开始胡思乱想，因为除了希望火箭弹不会击中我的车窗之外，我什么也做不了。但当我开始工作时，我非常专注于工作，为了确保所有其他事情都继续下去，我会飞快地想到2000件不同的事情。（拉沙德，26岁，陆军上士）

关键是要强调，这种有意或无意地将情感转移到"黑箱"里以便日后检查（或不检查），是一个不同的过程，而不是像拉沙德在上述引文中所阐明的，专注于手头工作的精神高度集中的行为。事实上，参与者常常讨论他们需要以几乎过度警觉的状态将注意力集中到关键任务上，即安全拆除未爆弹药，而不是在自动沉浸模式下仅对工作花费很少的注意力。

与情感划分能力密切相关的是参与者对其个人深思熟虑分析过程的认可，这一行为通常被拿来与持续的内部叙述相比较，如本例所示，西蒙表示：

> 好吧，你想想会发生什么。当然，没人想死。我不怕受伤，但你……你表示担心，你看到有人失去了一只胳膊，你看到了，指头、手指、手，你看到了，胳膊什么的。你知道，你疑惑，你知道，那样生活将会怎样。或者，你知道……你知道，如果……更糟的是，你永远不会知道，因为你会死去。但这些只是小事情。你知道，当你去到那里时，你所关心的事情就是留意关注那里有什么。你脑海中运行的场景是：如果发生这种情况我该怎么办？如果发生那种情况我该怎么办？你知道，我该怎么办，你知道……我来到这里，这和我们想象的完全相反？我能，利用我现在所拥有的，在那种场景中做出那些改变吗？我必须作出这个决定，而且我必须现在就做。（西蒙，49 岁，海军陆战队一级军士长）

在整个访谈过程中，参与者表达了他们对决策和沟通技能在 EOD 工作中重要性的坚定信念。访谈中介绍了 EOD 组织成员之间有效沟通的具体策略。在数据分析过程中，研究者认为这些沟通策略中最关键的一个是目的性知识交流（purposeful knowledge exchange，PKE）。PKE 的要素包括群体间的问题确定和选择方案协商。参与者承认，他们的日常工作中存在有特定要求的 PKE 活动，如在尝试安全程序之前向队友口头描述，或撰写事件报告。

在下面这段引述中，西蒙以这种方式解释了从群体间的选择协商不断学习的过程：

> 如果我能做到这一点，我可以做得更快，我可以做得更有效率，我可以确保它是正确的……然后其他三个人要么同意要么不同意。好吧。可以这样做，但我不认为会起作用，所以……是的，好的。注意，当我

进去的时候，就开始工作了。好吧，是啊。把它扔到记忆库里吧，那会起作用的。如果它不起作用，不要说"我告诉过你"。好的。"这就是我认为我们做错的地方"，而且并没有真正正确的答案。我们经常告诉人们，"如果你没有厚脸皮，你就需要去找一张或你需要去买一张"。（西蒙，49岁，海军陆战队一级军士长）

当然，群体间沟通是 EOD 训练的一部分。受访者反复表达了愿意倾听、向同伴学习并运用新知识，认为这是个人和团队之间必需的、持续的、协作的行动。

　　所以，一般来说，每个人都有自己擅长和不擅长的。你知道，你已经习惯了，你习惯了擅长的这一部分。你擅长，你知道，比如手榴弹和地雷，你擅长发射炮弹之类的东西。然后是空中武器，还有水下武器。然后是生物、化学和核武器。然后是简易生物、化学和核武器装置。所以你尝试擅长和不擅长的。所以我可能真的擅长一件事。然后我们去了某个地方，我们会说："嘿，鲍勃，你觉得呢？"你知道吗？我会听从那个人的话，只是不会真正参与进来。所以，这真的取决于你的感觉，没有人真正擅长每一件事。有几个家伙什么都很在行。但是，你知道，你试着挑选一个，你觉得对它很满意。这有什么意义吗？（利昂，45岁，海军上士）

然而，PKE 不仅仅是在执行任务过程中或作为任务汇报正式过程的一部分而使用的策略。在这里，杰德阐述了如何与团队中的其他人讨论事件来缓解压力，以及如何通过分析演练工作相关任务来获得团队知识。

　　研究人员：你说到了"发泄"……你能举个例子吗？

　　杰德：我们会……是的……我们会这么做。有点……这并不是一件严格规划的事情，也不是什么事先计划之类的，而是我们养成的一种习惯……当一个团队回来时，我们会聚在一起，讨论他们的所作所为。我们有时把它提出来讨论，比如，"你还能做别的什么吗？你能看到什么吗？"那些没有一起去的人会提出问题，然后说："你能这样做吗？你能那样做吗？"所以我们会对情况进行分解，确保团队做了他们所知道的一切正确的事情。

我们会试着就任何可以实现的改进达成一致意见，或者就一些可能不同的事情，一些当时没有发觉的风险达成一致意见，也许事后回顾时发现了这些风险，所以我们这样做只是为了训练和改进，让每个人都参与到正在发生的事情中，因为随着时间的推移，战术……敌人的战术会发生变化，所以保持对你所看到的事物的最新认识是很好的。

在这个过程中……当你经历了所有的事情，这时你知道，当笑话之类的东西、笑声在周围响起时，一旦你很好地了解了情况，然后……所以你可以……你就开始轻描淡写；每个经历过的人都是安全的，这个……还有我们的改进，他们可以开始，你知道，在那之后互相开玩笑，大声欢笑并好好享受。这有助于缓解情绪，让每个人都保持乐观，你知道，度过困难时期。（杰德，41 岁，海军二级军士长）

杰德将非正式的任务汇报描述为通过知识和幽默来管理压力的一种方式，这说明了 EOD 人员的言语交流在战术和情感上都非常关键。

第二个新出现的概念主题被称为机器人适应困境（RAD），源于参与者对他们 EOD 机器人使用经验的描述，其范围从对机器人作为关键 EOD 工具的欣赏，到对机器人技术能力的失望，再到将机器人描述为操作者自我的延伸。"适应困境"一词的含义是参与者的人–机器人交互数据中揭示的两种主要模式：

（1）将机器人视为关键工具，充分认识机器人能力和局限性的重要性。

（2）将机器人定义为一种机械，但仍继续将与机器人交互的方式作为一种技术进行开发（例如，作为自我的延伸、类人、类动物或未分类的"其他类型"）。

尽管关于机器人的日常使用有着各种各样的经验和观点，但这两类访谈数据形成了足够一致且重要的模式，可以确定和解释统称为 RAD 的问题。当谈到他们使用的机器人时，参与者们几乎压倒性地认为机器人是一种"机械"和"工具"，同时，有一种趋势是将机器人解释为自我的延伸。换言之，几乎没有证据表明 EOD 人员真正将人类之间的情感、感情或期望映射到机器人上，正如期望将它们映射到另一个人类朋友或同事上一样。然而，访谈数据中同样有意义的模式显示，参与者通常将机器人描述为自我的延伸、团队吉祥物或动物形态实体，或使用通常针对生命实体的语言或文化惯例来指称机器人，如将机器人称为他或她。

"自我"（self）概念是人类主观世界的核心。与我们个人社会现实的其他特征一样，自我主要是一种动态过程，而不是静止的存在状态。理论上，身体部位、思想、个人财产、人员、地点都可以融入个人的自我意识中。然而，自我延伸的概念并不一定是对某事物的情感依恋。相反，自我延伸意味着某一事物具有与个人自我认同和自我定义相关联的强烈的象征意义。

参与者还描述了将机器人当作人类用户的遥控替身，然后经常导致 EOD 人员将自己作为化身"插入"机器人的存在中，这与他们的身体密切相关。在相对较低的程度上，一些人将这种自我意识描述为将操作者的个性"插入"机器人，并声称能够通过机器人的战术策略和动作识别其他操作者的特征。此外，数据还显示出一种显著模式，表明受访者认为机器人是有用的工具，但在技术上存在一些问题。

一方面，由于机器人在某些情况下的实用性，参与者一致认为，为了保证团队成员的安全，应尽可能使用机器人代替人类团队成员。用拉沙德（Rashad，26 岁，陆军上士）的话说，"我们使用机器人的原因是它们是可牺牲的"。然而，机器人的自我延伸感，加上偶尔对其作为工具的局限性感到沮丧，以及看似矛盾的一系列情绪，构成了其适应困境。

八、了解机器人的能力和局限

尽管已清楚任何工具的特性对于理解其功能和局限非常重要，但在与 EOD 人员的对话中，机器人的局限性一直是人们关注的焦点。在访谈过程中，莎拉（Sarah）解释了她作为一名机器人操作员的挫败感：

　　在很多情况下，当你有一项任务需要机器人完成时，你正在操作它，你试图快速完成任务，但它却没有按计划进行。我想机器人可能很……挑剔。你与它们交流一秒钟，摄像头工作得很好，你知道，你觉得一切正常。然后，你失去通信两三秒钟，你又回到了原地。你不知道……你迷失了方向。所以有很多这样的突发情况。你只有学着深呼吸，试着看看发生了什么。停歇一下，转动摄像机，重新定位机器人所在的位置，然后再次开始行动。（莎拉，27 岁，陆军专业军士）

参与者的回答中反复出现了对机器人可靠性的焦虑。艾伦（Aaron，31 岁，陆军上士）在这次交谈中表达了他与机器人合作的感受：

　　艾伦：但是，它们有时存在不工作等诸多问题……那么，和机器人的情感关系呢？我想说的最常见的一点是，如果我们对机器人有什么感觉，那就是愤怒和沮丧。
　　研究人员：好的。你能多说点这方面的事吗？
　　艾伦：嗯，大多数机器人只是在身上安装了无线电控制系统，其很容易失去通信联络。有时它们还会做一些疯狂的事情。有时你正操控它向前行进，突然间它开始转圈。不太清楚这是怎么回事。
　　研究人员：你是说你不知道什么原因？
　　艾伦：不知道，只是偶尔会发生在机器人身上。

　　艾伦的挫败感与他所认为的机器人的不可预测行为或其不可靠性直接有关，这也是许多受访者对于将机器人作为一种需要持续依赖的东西而犹豫不决的原因。
　　参与者表达的对机器人局限性的其他担忧，与他们基于个人经验对机器人缺乏信任或缺乏信心密切相关。

　　因为经常停机，我对那个机器人没有太大的信心。每次我们试图用它的时候，它要么太难用了……你就得准备好，要么电池没电了，它会胡乱做出一些动作，失去控制，把所有东西都撞乱，或撞到墙上之类的。（笑）在真正的防御态势下，我从来没有太多的信心。（米诺，49 岁，空军上士）

参与者描述的许多情况，涉及一系列地理位置和各种各样的任务条件，以此说明他们对机器人行为不一致的认识感知，以及相关的机器人不可靠性能和有限能力。在一些案例中，参与者报告对机器人进行了匆忙加装（例如，用胶带将工具固定在机器爪上），以克服特定的技术限制。但是，参与者均一致称赞机器人是很有用的 EOD 工具。

在访谈过程中，参与者也经常解释依赖机器人和认识到机器人存在局限性之间的这种矛盾关系。陆军 EOD 小队队长杰里米（Jeremy）分享了他如何发现机器人是一种很实用的工具，但也描述了机器人在某些环境中的技术局限。

> 研究人员：你现在对机器人有什么看法？
>
> 杰里米：我很喜欢它们。
>
> 研究员：为什么？
>
> 杰里米：嗯，因为我在（地点删除）的经验……你知道，作为一名队长，如果我们没有机器人，那就意味着我必须穿着防弹服，冒着生命危险到现场。所以一个机器人，可以很好地作为眼睛和耳朵帮助我们远距离查看、操作物品……你知道，从一个非常安全的距离。所以它确实救了很多人的命。
>
> 研究人员：你有什么不喜欢机器人的地方吗？
>
> 杰里米：除了……你（可能）总是遇到它们出现问题。①
>
> 研究人员：请多告诉我一些。你能给我举个例子吗？
>
> 杰里米：嗯，例如有时它们会失去联系，你知道，所以你可能得去找回机器人。它可能会卡住，嗯，又一次，你可能得下去取回它。我们

---

① 杰里米参与了成员查核，以此来验证研究结果的准确性。在查看了这段抄录评论后，他要求将自己的回答略作修改，将他与机器人的经验从最初陈述的"你总是遇到它们出现问题"改为不太具体的措辞，用"可能"（can）取代"总是"（always）。

遇到的其他一些问题与使用的工具有关，比如给激波管充电；有时激波管会缠在机器人身上使它们绕不过去，你必须下去把它复原。但它们……我认为它们进步了很多。伊拉克战争刚开始的时候，我们还在使用（机器人型号删除）……在某些方面这是一个很好的机器人。我想说的更多的是对美国方面的反应。对于在固定地点的敌军车辆，它既不能移动也不能运输，它真的很慢。它在伊拉克或阿富汗的应急任务中不起任何作用，只是因为它太庞大、太笨重、太慢了。它们已经进化成了机器人，比如（机器人型号删除），这种（机器人型号删除）……对我来说，这是非常实用的，并且为我们在伊拉克或阿富汗的大多数事件中提供了最低限度的帮助。所以，我很高兴我们真的在 2004 年购买了这些机器人。（杰里米，34 岁，陆军/国民警卫队军士长）

类似地，其他参与者也警告说，过度依赖机器人，就像任何技术一样，可能导致自身的一系列问题，比如当机器人不可用时，限制用户采取其他方法来解决问题。

我觉得是……我想是人工智能。你只能得到你投入的东西。所以如果机器人后面的操作员不够好，那么你的机器人就不够好。但如果你……一切都回到了训练中，你用它训练得越多，你就越能适应它。你必须知道机器人的局限性。如果你不这样做，你就有麻烦了。这是一个……你知道，再说一遍，我的退路就是训练，以及你知道自己能走多远的局限性。（西蒙，49 岁，海军陆战队一级军士长）

在这段引述中，西蒙还将机器人概念联系起来，反映操作人员或团队的能力和局限性，因为目前的半自主机器人依靠人工输入进行指导。

九、机器人不仅仅是机械

参与者讲述了如何改进 EOD 机器人的想法，提出了在技术上增加自我延伸性的观点，包括给机器人安装类人机械手，以与人类相似的方式抓握和移动物体，改进视听通信以更好地充当操作人员的耳朵和眼睛。

参与者之一的杰德（Jed）解释了他的想法，即完美的 EOD 机器人应当成为自己的完整化身。尽管他在对人类相似度的详细描述方面与众不同，但他在机器人形式和功能上增加人类相似度的基本思想，与其他人关于当前技术理想改进的回答并无太大区别。

研究人员：好的。如果你能制造出一个 EOD 技术用途的完美机器人，你会采用或不采用什么功能？谈谈你想要创造的机器人。

杰德：那将是一个完整的人类化身。

研究人员：一个完整的人类化身？好吧，详细说一说。

杰德：嗯，就像我在远程遥控。我将我所有的能力完全投入其中，它完全有能力做任何我能做的事情，也许可以用某些仿生学方法或者类似方法使之稍微增强。但是……这样你就可以完全进入虚拟现实了，去做你需要做的事情，而不会受到你自己身体的任何限制。

研究人员：确实很有趣。你还想在一个团队里工作吗？

杰德：是的，我想是的，因为团队远比个体成员强大得多，所以如果你能有两个化身去现场，两个，你知道，两个机器人，我们这样使用了好几次，你总是可以让两个机器人获得更好的态势感知。它们可以一起工作，合作完成任务，诸如此类的事情。（杰德，41 岁，海军二级军士长）

与这项研究中的其他同伴相比，杰德提出了一个极端的例子，即将自己和人类相似度延伸到机器人的发展中，但这与其他人表达的相似愿望没有区别，即希望机器人具有更多类似人类的功能。杰德是一名队长，此前曾作为 EOD 主题专家代表参与军事装备审查委员会的工作，并积极参与新型地面机器人的开发。因此，在他与委员会合作的过程中，思考重点一直是如何改进 EOD 机器人技术，作为这一职责的一部分，他被鼓励提出新的方法，通过技术和人机交互来解决当前的问题。他对化身改进观点的详细解释来自他对这些问题的深入思考。

尽管从问卷调查和访谈结果中可以看出一种明显模式，即参与者坚持认为机器人是工具和机器，但仍有相当多的例子显示，参与者描述了他们与

EOD 机器人互动中具有情感意义的部分。数名参与者否定了与机器人有情感依恋的想法，但围绕依恋机器人的可能性发生了许多重要的故事。参与者讲述了对机器人情感依恋的三种不同方式：①机器人作为（操作者）自我的延伸或表现；②机器人作为吉祥物或动物形态实体；③机器人作为类人的其他存在。

在访谈过程中，参与者对机器人是一种工具的简单解释，往往同时伴随将机器人描绘成他们自己或另一名操作员的延伸版本。研究参与者之一的大卫（David，22 岁，陆军中士），在被要求给机器人下定义时，简洁地表达了这一想法：“是的，就像我之前说的，这只是我手的延伸。这是我们使用的工具，旨在保证人员的安全。”

一些参与者接着将操作人员的行为赋予机器人，例如在与西蒙的访谈交流中：

> 研究人员：你能用你自己的话告诉我什么是机器人吗？
>
> 西蒙：机器人是……嗯，有两种定义。一种是……哦，怎么说呢？这是一项机械发明，旨在让我们的生活更轻松、更安全。另一种是……这是我们自己……自己个性的延伸……因为在你使用了一段时间后，它们必须体现你……你的个性。我们倾向于认为，如果你对事情的情绪很低落，那么你的机器人，你所操作的机器人也会有同样的表现。你有特定的做事方式，那么机器人也会采取这样的做事方式，或你希望它采取的做事方式。好吧，让我们用幽默的方式说。你可以告诉后面的操作员，你可以通过机器人的工作判断其后面操作员的态度。（西蒙，49 岁，海军陆战队一级军士长）

西蒙澄清了他的说法，他认为，将操作员的人格转移到机器人身上的想法有一些幽默成分，但他也清楚地解释了操作员人格是如何通过他们使用的机器人、通过解决问题的选择和行为来表达的。

在下面的例子中，本（Ben）解释了他对 EOD 机器人的想法是如何演变的，并分享了一件关于其同事如何幽默表达他对一个被摧毁的机器人的感觉的轶事：

　　研究人员：好吧，那么告诉我……让我们回到你的训练，你第一次在"校舍"里和机器人一起工作时，你事先对机器人有什么期望或想法吗？

　　本：我想，没有什么特别。不，没有。这并不是我经常谈论的话题。

　　研究人员：好的，那现在呢？你现在对机器人有什么感觉？

　　本：我认为它们现在是这项工作的重要组成部分。我是说，它们几乎变成了一名团队成员。

　　研究人员：我听到你说它们很重要，而且……它们几乎"像一名团队成员"。你能告诉我更多的情况吗？或许你可以给我举个例子，让我看看你心目中的机器人是如何工作的？

　　本：好吧，你知道，如果……如果我们把机器人拟人化，或者给它一个，你知道，给它一个角色，或者给它一个……我是说，我们会给它们起名字。而且……是的，如果其中一个机器人出现了什么状况，我的意思是，这并不明显……它不同于……任何地方都不同于，就像，你知道，你的一个战友受伤或看到一个成员被送走之类的。但还是有一定的损失，你的一个机器人出现了什么状况，你会有一种失落感，然后就不可避免地开玩笑，就像我的一个朋友走了……在伊拉克，他……在他试图用机器人等开展一项特别行动时，一枚简易爆炸装置引爆了他的机器人，所以当他们找到散落的部件和所有东西……尸体，如果你愿意这么说的话……然后把它带回基地，第二天，前面有个牌子，上面写着，你知道，那个家伙的名字，下面写着，"你为什么杀了我？为什么？"（大笑）（本，30岁，空军中士）

　　在本例中，本使用了一些词语来反复确认机器人的拟人化，然后淡化这一意义并将其解释为幽默。然后他用了一些词语来指代动物形态或更独立方式的机器人（例如，机器人的"尸体"）。

　　为了深入研究第一个问题的相关内容，即影响或限制人–机器人交互的活动、过程和环境，我们希望参与者能够回答当机器人面临受到伤害或破坏的直接危险时他们的决策过程。

布雷迪（Brady）解释了他与 EOD 机器人之间的情感联系，以及失去了一个与之密切合作一段时间的机器人的后果：

研究人员：你现在对机器人有什么感觉或看法吗？

布雷迪：它们可能是最有用的工具，较军队中任何其他工具能拯救更多的生命。机器人拆除的简易爆炸装置数量之多，让人无法想象它们挽救了多少生命。一个好的……经历了很多的团队总是和他们的机器人联系在一起。

研究人员：你能告诉我更多的情况吗？

布雷迪：我们给自己的 Talon 排爆机器人起名艾莉（Elly）。是的，我和她谈话，当我在控制仪前或是想把东西拆开，盖住爆炸物或是别的什么的时候……我会哄她说，"来吧，亲爱的"。（笑）它们差不多是家庭的一分子，你知道吗？我是说，你从事故现场回来，你把机器人从卡车里拉出来，你给它喷洒、冲洗，它们浑身都很脏或者别的什么。你想想，它每天都在拯救生命。所以，这很重要。我们喜欢我们的机器人。

研究人员：你是否曾经面临这样一种情况，即机器人面临危险而影响你的决策？

布雷迪：这确实影响了我的决策，因为我不想……就像我不想把机器人送去被炸毁一样？嗯，派还是不派。我们所做的决定是基于……作为一项技术，我们的决定是基于它有多危险，以及我们怎样才能让人员的生命危险降到最低。有时候我们不知道应该怎么做。不是让别人穿上防弹服带着探针之类的东西去现场拆除炸弹，而是把机器人送去。那会使机器人被炸毁吗？至少比人类被炸好多了。我不认为我真的会为失去某个特定的机器人而难过，因为我们还有其他机器人。但是，每个机器人都不一样，它们都有自己的怪癖，你知道，在控制上有的需要更松一些，有的则更紧一些，或者其他什么，你就会了解你的机器人。在这方面，是的，有些时候，你知道，我已经拥有这个机器人大约四个月了，如果它被炸毁了，我将不得不学习操作一个全新的机器人。（布雷迪，28 岁，陆军中士）

　　布雷迪确实给他的机器人起了名字，甚至用一些类似人类的、深情的方式与它互动，口头上对它进行哄劝，并用亲切的言语称呼它。然而，他指出，与将人类团队成员置于危险境地的选择相比，机器人对其决策的任何情感影响都会减轻。这是他在机器人和人之间的选择，而不是机器人或机器人的损失。布雷迪还表达了操作员在学习掌握新机器人"怪癖"时遇到挫折的问题，因此他希望尽可能保留一个熟悉的机器人。在采访中发现的机器人适应困境现象中，其中一个典型例子就是EOD人员表现出有些矛盾的情感，即在对机器人的喜爱和认识到其无生命现实之间不断摇摆。

　　在另一个关于失去机器人的例子中，杰德（Jed）描述了他对在任务中失去机器人的"急躁情绪"：

　　研究人员：当机器人被炸毁时你有什么感觉？

　　杰德：各种各样的感觉。嗯，首先，你有点愤怒，你知道，有人刚刚炸毁了你的机器人，所以你有点生气。只是因为现在你的排爆能力下降了，你离不得不亲自下车又近了一步。然后，你知道，这有点像，你知道，有一个机器人为了救你而献出了生命，所以还有点悲伤，但是，是的，但是再一次，这只是一台机器，一个工具，它去那里被炸毁了，本来可能是你不得不接触那些东西，所以你很……总的来说很开心，是的，是机器人而不是我们被炸毁。所以大家都很激动，你知道，最初愤怒，有点生气，然后，嘿，有人炸毁了一个机器人。事实上，你刚刚失去了一个你已经依赖了很多次的工具，事实上，这个工具刚刚救了你的命。

　　研究人员：对。

　　杰德：可怜的小家伙。（杰德，41岁，海军二级军士长）

　　杰德在这里使用了拟人化的语言，例如"一个献出了生命的机器人"，随后很快回到了将机器人称为"工具"的提法上，然后又将其称为"可怜的小家伙"。这个例子再次说明了当参与者谈到他们与机器人的互动时，他们所面临的尴尬。在访谈中，这种人类语言指示器是在提及机器人时所独有的，并不用于其他的EOD日常工具。

机器人也被描述为同伴，要么是动物形态的，要么是拟人的。韦德（Wade）的故事说明了他与一个以传统狗名"菲多"（Fido）命名的机器人，以及另一个以操作员自己名字命名的机器人的经历：

韦德：我想，我不知道，我的意思是它们都是某种吉祥物……我们大多数人都给它们起了名字，你知道……所以……就是这个机器人叫"菲多"，然后那个机器人叫"艾德"。艾德，艾德，是的……这个家伙（EOD 人员）叫爱迪生，所以他给机器人起名"艾德"，因为他太依赖它们了，你知道的。它们做了很多事情，至少可以追溯到 2003 年或更早，你知道，拆弹技术人员实际上仍然需要自己亲自动手，所以……我们确实非常依赖它们。

研究人员：你给你的机器人命名为菲多？为什么？

韦德：因为它就像一条狗。我是说，你把它照顾得和你的队友一样好。你要确保它被清理干净，所有的电池都被充满电。如果你不使用它，要尽可能把它安全地保管起来，因为你知道如果机器人出了什么事，那么，下一个就会轮到你……没人愿意这样。

研究人员：你只是给机器人起名叫菲多，还是把名字画在机器人身上，或者用某种方式标记它？

韦德：不，我没给它涂上名字，但它始终就是菲多。我说"菲多"，每个队员都知道是谁。艾德的名字被写在它的手臂上，所以它就是"艾德"。

研究人员：你有没有给一起工作过的其他机器人起名字？

韦德：不，我没有。我不这么认为。（笑）只有这个和我一起工作的机器人。就像我说的，我觉得对于很多家伙来说，你知道，它们都有点吉祥物般的个性。（韦德，42 岁，陆军上士）

康纳（Connor）分享了其团队给一个机器人命名背后的故事细节，这是一种通过幽默来应对孤独的方法：

研究人员：你有没有给这些机器人起过名字？

康纳：（笑）每一个。

研究人员：你能告诉我它们的名字吗？多谈谈这方面的事。

康纳：这更像是搞笑和鼓舞士气的一种方式。在我们的行程快结束时，我们睡在前线卡车里的时间比在后方的时间要长。我们在前线的卡车里睡了五六天，卡车里有三个人，你知道的，一个躺在前排座位上，另外的人躺在车厢里。我们不能搬下任何敏感物品并把它们放在卡车外面，所有的东西都要锁在车上，所以我们的 Talon 机器人就在卡车的中间过道，我们的新兵管它叫丹妮尔，这样他晚上就可以抱着一个"女人"睡觉了。

研究人员：好的，你还有其他类似的例子吗？

康纳：嗯，丹妮尔被炸毁了，很明显她需要被替换。我不知道……我们会用我们在电影院看到的电影明星，或者音乐艺术家，某个大众人物的名字来给它们命名，然后我们总是投票决定它的名字。（康纳，22 岁，陆军中士）

我们在访谈中发现一种模式，EOD 人员命名机器人和赋予机器人类似生命的特征受其与特定机器人相处时间的影响。正如下面杰德（Jed）的例子所示，该模式还可能受到操作员年龄及整个团队动态的影响：

研究人员：为什么你为其中一些机器人起了名字，而不是其他机器人？

杰德：团队组成。在（地点删除）的团队是一个更年轻、更大的团队，只有那些更年轻、喜欢恶作剧的家伙会给机器人起名字。驻扎在（地点删除）的是更年长、更成熟的团队……所以它不是……我不知道，只是从来没有出现过。

研究人员：你个人，或者你注意到有人把机器人当作工具以外的东西吗？例如，你说你给它起名字。

杰德：嗯……是的，总是……我猜有点把机器人拟人化，把它拟人化。所以，你知道，当谈论机器人时……他或她，取决于它是哪一个机器人。是的，还有，事实上……对它有一点感情，特别是随着时间的推移……它替我们做了很多原本可能会杀死或伤害我们的工作，所以它在感情上有一点吸引着你……它不仅仅是……你知道，它不是锤子，不是扳手，它不是完全没有生命的。只是因为，是的，我们看到它的外表，看到它自己移动，或者看起来在做我们不想做的事情。所以，是的，我想开始有点将它人性化了。有点……不是很多，但肯定建立了一种感情……一方面，它是一个非常有能力的工具，我们可以很依赖它，所以就会这样对待它。照顾它，维护它，确保它有能力做我们想做的事情，然后当它工作时，是的，我们可以……可以给它加入一点人性，把它拟人化。我想这也许，有助于认识它？或者只是意识到……它做了多少工作，你知道，我们可能会接触那些爆炸物，所以……是的，我不知道。

研究人员：你提到"他或她"取决于它是哪一个机器人。是什么决定了机器人是"他"还是"她"？

杰德：是操作员。

研究员：你是说他们只是随机选择一个性别？或者，举例来说，如果是女性操作员，她们可能会倾向于称机器人为"她"？

杰德：不，事实上，我想……我以前没认真想过，但我想现在我认为，对于已经结婚的男人，机器人总是男性。对于单身男人，我……我只有两个……机器人是女孩。你知道吗，我甚至……我甚至都不知道他们谈论它们时是像前女友还是像一般女孩。

研究员：很有趣。

杰德：他们照顾它们，所以我猜它们不是前女友。（大笑）（杰德，41 岁，海军二级军士长）

杰德解释说，根据他的经验，操作员确定了机器人的性别，和康纳之前的例子一样，这是一个认识到人类在部署过程中的孤独和缺乏浪漫伴侣的机会。杰德对人–机器人照顾过程的解释说明了一种情况，即基于人类对机器人的长期照顾，人们对机器人进行了某种程度的情感投入。（"你照顾它，你维护它，你确保它能够做你想做的事情。"）

总之，这群研究参与者报告说，他们一致拥有一整套关于人–人交互的信念、价值观和策略，这些都是他们与日常小组成员一起实践过的。此外，他们认为成功的 EOD 工作有赖于他们通过正式训练和 EOD 群体文化规范发展起来的这种人–人互动模式。独特性、挑战和家庭等亚范畴陈述是从参与者的自我描述中挑选出来的重要词汇，表明它们与这些属性或状态存在关联。

参与者描述了他们与机器人互动的不同体验和感受，并且在如何始终如一地对待或看待机器人方面呈现出不断的动态发展。受访的 EOD 人员表达了他们对机器人作为工具或机械设备的理解和接受，但他们也经常赋予机器人类似于人类或动物的属性。机器人执行的任务，包括在危险情况下作为人类的替身，也有助于操作者了解如何将机器人归类为工具或自我的延伸。据报道，机器人所处的危险及它可能丧失能力或被摧毁的可能性不会影响操作者的决策。此外，参与者对机器人技术局限性的理解会导致相关联的用户不信任感，或者至少会担心机器人的可靠性。

此外，在 EOD 微系统的日常工作中，HHIM 和 RAD 并不是静态的，而且无疑会受到与其他社会系统交互的影响。例如，个人对机器人作用的期望可能至少会受到基于机器人的科幻电影或文学作品等的初步影响，而这些表现形式与 EOD 工作并无直接关系。图 7.1 说明了 HHIM 和 RAD 性质如何对问题解决方案产生潜在影响。

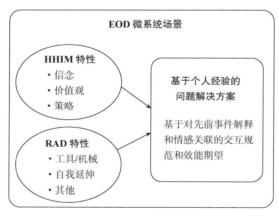

图 7.1　EOD 微系统场景中的人–人交互模型和机器人适应困境

当在日常群体互动的即时 EOD 微系统场景中考察 HHIM 和 RAD 性质时，有可能发现对其工作和任务结果的潜在影响。共同构建的现实会影响决策、任务方法及目标的实现方式。这一过程受到先前经验、交互期望、机器人技术局限（正如 HHIM 和 RAD 中所确定的局限）等的影响。

第八章
准 备 修 复

本书所介绍的研究的主要目的是增加对排爆（EOD）人员这一特定群体，以及他们与机器人日常互动的了解。通过数据分析，我们清楚地发现不同个体之间的经历存在着某种一致性。人–人交互模型（HHIM）框架是一种理解和谈论 EOD 工作中人–人交互共同期望的方式，正如一群个体所描述的那样。群体独特性、需要或寻求心理和生理挑战、高度的自我效能感、深思熟虑的分析性反思、有目的的知识交流被认为是他们个人经历中具有重要意义的趋势。

始终一致的是，参与者采用了诸如兄弟情谊、家庭和信任等来描述他们之间的关系。这些模式是集体训练和共同军事教育、性格类型本质上被 EOD 工作特性所吸引的结果，还是个体适应更大群体系统期望的结果，尚不得而知。进一步的研究可能会发现这些信念、行为和价值观的更多共同根源，以便更好地了解如何适应组织层面的策略和机器人设计，从而影响 EOD 人员对日常使用机器人的态度。

EOD 团队的规模随其具体职能和所属军种的不同而不同，并根据组织机构的政策和发展战略而变化。每个团队都有类似的训练，但每个人都有自己的独特视角。因此，每个团队都建构了自己的动力学（dynamic）相互作用。个体加入 EOD 或追求军事生涯的动机可能不同，但他们通常只谈论对日常工作中各方面的兴奋感。日常工作的主体交互性往往植根于个人之间的共同兴趣（例如寻求独特性，对排爆工作的兴趣），并随着为他们创建的社会模式

（例如正式军衔）而发展，以及他们对各团队意义的理解来进行协商和扩展。

就机器人而言，共同经验表现为具有重要意义和反复出现的模式，是以挫败感、机器人作为自我延伸、机器人作为他人、机器人作为工具等不同经验和概念为核心。

此外，参与者还描述了一种紧张关系，即他们对机器人作为重要工具的高度重视与对机器人技术局限性的愤怒，因此他们不愿过于依赖机器人作为每项任务的最终解决方案。这些参与者的机器人相关经验及他们随后对使用机器人的相互矛盾的报告，正是机器人适应困境（RAD）的基础。

参与者解释了赋予机器人动物化或拟人化特征的问题，其源头在于小组/团队动力学、操作员年龄、与特定机器人共事的时间、部队孤独感、无聊、幽默，以及操作员的身体和情感在机器人中的自我延伸。换言之，各种以人为中心的因素影响着操作者如何看待他们赋予每天与之一起工作的机器人的类人或类动物特征水平。因此，机器人的设计、行为和任务会影响这些情绪和决策，但并不是参与者将类生命特征与这些服务机器人联系起来的唯一影响因素。一些人员解释说，机器人在群体中不断演变的社会角色，可以与宠物、团队吉祥物、自我延伸或这些角色的组合相媲美。有时，机器人也会被赋予虚假队友的身份，但同时团队成员也明白，这个队友角色是在幽默场景中被赋予的。

组间动力学还可以通过改变感知到的组间竞争和个人威胁来影响与机器人的交互。观察多个机器人的个人可能会通过将其归类为人类来作出反应，而反过来又会将注意力集中在人类和机器人之间的差异上。更为机械式或机械形态（mechanomorphic）的机器人在群体中可能看起来或行为上更不像人类，这反过来会再次影响人类的感知。与这个想法相关联的是，当团队中有多个而不是一个类人机器人进行互动时，它们更可能被划分为更接近人类的机器人。因此，虽然机器人的形态有助于用户对其进行社会分类，但通过观察机器人所表现的社会行为，有助于了解人类与它们的社会互动。类似地，观察到的其他社会活动，如机器人间的竞争和机器人的群集行为，也显示出协调行动。人类观察者可能会根据这些行为推断出机器人群体具有高度的凝聚力，从而触发人类与机器人的群体间竞争的初步感觉。然而，随着时间的推移，这些认识中的任何一种都可以通过与机器人个体或群体交互而得到增强或减弱，从而支持或否定对它们的期望。

社会建构主义理论的核心主题认为，社会过程和符号过程产生了共同的概念、理解和行为模式，这些模式源自组织内部信息处理等基本行为之外的事物。本书报告的研究结果提供了与社会建构主义前提一致的效果证据，以支持现有的理论断言。特别是，RAD 的性质与达菲（T. Duffy）和坎宁安（Cunningham）的说法产生了共鸣，即我们对现实的共同理解是建立在"创造一个对我们有意义的世界"之上。

目前在 EOD 工作中，机器人被工作人员非常明确地描述与定义为一种机械物体——工具。然而，在长时间的人–机交互和接触过程中，机器人有时被赋予了生命特征，如性别、与某一人的联系（例如，操作员的替身，或名人）或参与社会仪式（例如，为机器人标记名字并将其放在团队照片中）。换言之，参与者仍在以对其社会系统"有意义"的方式构建这项新技术的工作和生活方式。

所有的研究参与者都将机器人定义为一种工具、机械系统或机器，但许多人也很容易将宠物或人类的特性赋予机器人。接受本研究的访谈者非常清楚这些机器人是无生命的，而且一般也表达了他们认为机器人是一种有趣社交工具的自我意识，或者普遍认为他们对机器人的情感投入有限。操作人员明确表示，这些机器人不值得接受与人类相似的对待，也不认为机器人会有意（通过设计）或以其他方式引起强烈的情感反应。纳斯和摩恩（Nass et al., 2000）解释了类似的人类与计算机的社会互动，人们塑造了将计算机视为机器的意识，同时无意识地将计算机视为类人的社会同伴，这种现象称为"角色建构"（ethopoeia），即"在知道某个实体不需要像人类一样被对待或归因的情况下，直接反应仍然将该实体作为人类对待"。

人们自动地、无意识地将社交规则应用到与计算机的互动中，因为人类天生就具有社会性。纳斯和摩恩（Nass et al., 2000）将"ethopoeia"定义为与人–机交互相关联，因而在本研究中有一定的应用。研究参与者表示，与机器人的互动可以被确定为基于人–人互动模型（例如起名字或以其他方式赋予机器人人类或动物属性），而这些是有目的性的，并且是在自我意识和幽默的气氛中进行的。

尽管这项研究的用户一致将机器人归类为机械工具，但在某些情况下，用户以人类的方式（使用人称代词和人类术语）提及机器人。在某些情况下，参与者将机器人描述为人类，可能是出于语言的便利性，而不是社会因素。然而，从数据中可以看出，机器人经常不仅仅被视为一种机械。此外，参与者对待机器人的方式并不是由（有意设计的）机器人的社交暗示触发的，尽管机器人的角色、设计或其他特征有可能无意触发人类的社交互动。

尽管如此，虽然受访者可能在某些情况与环境中使用类似人类的社交规则与机器人互动，但他们并没有使用类人模型来评估机器人的能力。此外，一些操作员表示，他们将自我意识引入机器人的动作、意图或行为中。因此，就本研究的发现而言，RAD 一词可能更适合描述这一扩展的人–机器人现象集合。RAD 的概念框架描述了参与者在与 EOD 机器人交互时如何受到矛盾情感、期望和体验问题的挑战，以及他们如何努力解决已经发现的问题而获得成功。这些问题的基础是发现新的规则，以便与执行某些类似人类任务的工具进行交互，并且在某些情况下，将其作为自我或操作员的延伸。贝尔克（Belk，1988）解释说，人们自然而然地将自我意识延伸到他们控制、制造、个性化或改变的事物上（例如，韦德分享了其团队机器人操作员如何以自己的名字命名机器人）。"我们所拥有的东西确实可以扩展延伸自我，就像一件工具或武器允许我们做一些我们本来无法做到的事情一样"。格卢姆等（Groom et al.，2009）的研究表明，人们更倾向于将自我扩展到比类人机器人拟人化程度更低的机器人中，表明这可能是参与者对当前 EOD 野外机器人模型反应的一个因素。

尽管关于与机器人的社交互动是否严重影响决策或任务结果的信息较少，但随着团队结构的变化和机器人设计的进展，这是一个值得进一步研究的课题。有证据表明，HHIM、RAD 和解决问题之间联系的研究结果，属于更大型社会系统内的一种动态品质（例如，西蒙解释了操作员如何通过选择使用机器人执行任务来表达他们的个性）。因此，这种来自参与者的第一手信息表明，如何进一步寻找社会系统中可以被操纵的点，以便改变这些品质而实现不同的效果。

人为因素是这一动态交互系统的重要组成部分，而使用这些新技术时产生的、需要以各种新颖方式加以考虑的新工作，也是其重要的组成部分。正规工作团队，如 EOD 小组，是具有重要社会影响和现实建构过程的地方。因此，继续研究这些交互中的人为变量（例如，团队成员年龄、个性、情感效应、依恋风格、团队凝聚力等），是了解任何类似场景中人–机器人交互整体动态（从最初训练阶段到专业使用）的重要部分。

这项研究的参与者报告说，最初很少有人在"校舍"内正式接受机器人实际操作训练①。然而，专门负责机器人操作工作的 EOD 人员进入工作岗位后，仍然需要继续进行正式和非正式训练。所有参与者都指出，积极的团队成员角色需要持续沟通，并对任务中每个关键步骤及任务结束后的分析达成共识，以便在一定程度上通过社会学习过程形成结果。虽然最终决定是由团队领导做出的，但是每个成员通过沟通交流和（或）协商所做的贡献通常被认为是任务或任务结果（积极或消极）的重要组成部分，并且正是由于对团队行为的这种期望，每个人都有一种归属感。

一、技术塑造的人为因素

正如那些通过改装机器人以增加或改进其功能的访谈故事所展示的，用户和机器人之间不断进行的设计和功能协调具有直接的物理因素。迭代设计和功能协调的另一个例子是直接向机器人开发人员提供用户反馈。向机器人设计决策者提供直接反馈的一个例子是杰德在军事装备审查委员会所从事的工作，在那里他有机会就机器人设计可能采取的方向提供建议。在改装和设计反馈的例子中存在一个明显的循环，机器人（或物体）影响 EOD 人员，

---

① EOD 学校的机器人实际训练量因学员参加训练的年份而异，因为正规训练会随着新信息和新技术的出现而不断发展。

然后 EOD 人员会产生（构建）影响机器人使用和设计的新方法。

本书中研究的目的之一是为相关研究调查奠定基础，因此以下问题反映了所提供数据的综合，以及对这些发现的讨论。

研究结果总结如下：

（1）研究群体内存在一个可识别的人–人交互模型，具有明确的期望、信念、价值观和策略。

（2）操作人员将 EOD 机器人归类为工具，但有时与机器人的互动方式又类似于人与人或人与动物之间的社交互动。参与者使用语言指标，包括熟悉程度、类别成员关系、与有情众生的感知相似性等来讨论机器人。在本研究中，没有迹象表明参与者将内在精神状态赋予机器人。

（3）用户与机器人之间存在一个独立交互模型，具有自己的参数和期望，从而形成 RAD 动力学。

（4）与 HHIM 不同，RAD 是一种单向社交模式，因为 EOD 机器人无法向人类返回目的性的社交信号或交流。此外，机器人缺乏互助性，无法成为一个完全参与式的社会行为体，这或许是目前将机器人限制在用户"工具"类别内的一个重要原因。

机器人是一种技术，它迫使用户寻找新的方式与这种新型智能体一起工作，从而改变了个人体验和社会关系；机器人也是一种工具，但它能够完成一些类似人类的功能和动作。

本研究提出的问题包括：

（1）什么样的组织因素导致 EOD 机器人使用中的社会角色变化，并影响了 EOD 人员与每天使用的机器人之间的社会动力学？这些因素的例子包括：①标准化的"校舍"程序（例如训练）；②不断发展的（机器人）设计/行为/角色；③持续变化的（EOD）群体规模；④机器人的流行文化表现；⑤这些因素的综合。

（2）机器人日常使用对团队动力学有什么影响？这些变化的结果是什么？

（3）对于军队各军种，EOD 的人–机交互模式有哪些不同？

（4）研究人员如何深入探索其他日常使用机器人的军事亚群体，如那些使用无人机、无人地面车辆和类似无人半自主系统的群体？

（5）为什么机器人被视为自我的延伸？对机器人能力的挫败感与操作者的自我挫败感有关吗？哪些自我意识会随着机器人的意外损失而丧失或减弱，这是否会影响用户的情感和行为？

（6）对处于不同防御协作情况下的人-机器人团队，如 EOD 工作或遥控机器操作员，什么样的包容性水平最为有效？

（7）机器人专家该如何利用人类将自我意识投射到机器人设计、行为和任务中的倾向？

（8）哪种机器人的外观、行为和任务会引发人类将机器人拟人化或拟动物化的倾向？这些触发因素什么时候适合军事场景，什么时候应当最小化或消除？

（9）机器人现有的哪些功能可见性是触发人类情感、偏好或感情的例子？尤其是在军事化（和其他压力）环境中，人类情感对人-机器人团队会产生什么影响？

（10）哪些条件、用途和设计线索会影响或削弱人类对机器人在更大"机器人"类别中是独一无二个体的评价？

（11）随着机器人外形、行为和任务的不断发展，会产生哪些影响信任和团队凝聚力的人为因素？人-机器人信任模型是什么样的？人-机器人信任模型是否类似于人-人信任模型？

（12）当机器人承担越来越复杂和自主的任务时，操作者会承担什么程度的责任？这些变化将如何影响具有高度自我效能感或成就感的团队成员？

（13）当人类在某一场景中与多个机器人互动时，会产生什么样的社会、文化和心理后果？朝着共同目标努力的群体协调机器人行为或人-（多）机器人团队等变量，将如何影响这些交互和过程？

（14）如果用户将自我延伸扩展到日常使用的机器人中，或以其他方式让它们融入类似人类或动物的社交，那么围绕人-机交互会产生什么（新的或现有的）压力问题？

　　基于本书建议的未来研究领域，有必要开发丰富的心理量表来测量机器人用户的心理状态，并分析随时间变化的相关社会趋势。特别是，现有文献（Bates，2002；Carpenter，2013；Hogan et al.，1989；Kolb，2012；Mori，1970/2012；Murphy，2004；Scholtz et al.，2004；Singer，2009）表明，需要深入探索人-机交互中相关的人为因素，并关注与操作员应激和焦虑相关的问题。

　　这项工作的研究结果也暗示了，用户变量，如操作员年龄或群体动力学，会影响将机器人人格化的倾向。因此，为了更好地设计出能与人类一起有效完成任务的机器人，必须继续对等式中人类这一面进行深入研究。

二、 范例揭示

　　本研究最初在学位论文中发表后，得到了很多人的进一步反馈，他们认为该领域研究与其自身经历产生了共鸣。一位读者发来了一封感人的电子邮件，非常慷慨地分享了他自己的故事（Hay K，个人通信，2013 年 10 月 2 日）：

　　　　我最近读了一篇小文章，内容是关于你对 EOD 人员及其对机器人平台依恋的研究。作为一名有 8 年 EOD 经验和 3 次部署经历的技术人员，我可以告诉你，我发现你的研究非常有趣。我完全同意你采访的技术人员所说的机器人是工具，因此我会把它们送到任何地方执行任务，而不会考虑可能的危险。

　　　　然而，2006 年在伊拉克的一次任务中，我失去了一个我称之为"史黛西 4 号"（Stacy 4，以我妻子的名字命名，她也是一名 EOD 技术人员）的机器人。她是一个非常优秀的机器人，从来没有给我制造过任何问题，总是表现完美。任务中史黛西 4 号被完全炸毁，我只能找回一小块底盘碎片。我仍然记得我在史黛西 4 号被炸毁后的愤怒，还有很多其他感受。"我漂亮的机器人被杀了……"实际上这就是我对队长说的话。任务完成后，我尽可能找回更多的机器人残骸，我为失去她而哭泣。我觉得好像失去了一个亲爱的家人。那天晚上我打电话给我妻子，把这事也告诉了她。我知道这听起来很愚蠢，但我还是不愿意去想起它。我知道，我们使用的机器人只是机器，即使知道了机器人会被炸毁的结果，我也会再次作出同样的决定。

我珍视人的生命。我珍视我与现实人员的关系。但我可以告诉你，我确实很想念史黛西4号，她是个好机器人。

然而，并不是所有对这项工作的反应都与研究结果中某些更为明显的模式相一致。必须承认的是，在讨论人类情感时存在的思想不连贯性，可能是挫败感的根源。这类信息很难解释和执行，尤其是在庞大组织中。一旦社会接受了复杂的人类偏好、期望和感受及其对科技和日常互动的影响，人们会对如何在日常生活中解释和应用这些模糊的东西感到不知所措，也就不奇怪了。

初步研究之后，另外一次访谈提供了一对一对话的机会。尽管这段对话并没有包括在最初23个EOD故事中，但倾听专家的意见总是很有价值的，并且可以增加现有知识的丰富性。以下是关于EOD工作进行的非正式交流的摘录，以及个人在海军陆战队使用EOD机器人的经历。

二级军士长R：机器人只是自我的延伸。你可以让机器人做你想做的事……这一切都取决于你如何操作它，以及你如何练习和训练来完成这个任务。机器人永远不会取代操作员。必须有人在场，必须有人具备必要的技能才能理解下面的情况。如果机器人坏了，你就必须得去了……大家都喜欢机器人，它是团队成员。我可以举一个例子：当我们的第一个机器人被炸毁时，我们呼叫直升机将它当作伤员运送走。它被直升机运走，一路飞到巴格达，四天后它又回到我们身边。这些机器人对于我们的机动性和生存能力至关重要……我们从来没有时间为我们的机器人举行葬礼或做其他任何事情。通常，如果它们被炸毁，我们会收集我们能够收集到的所有碎片或零件，把它们包起来，清理现场然后离开。我们回到基地，每个人都会发泄他们的沮丧，因为"嗨，那是一个好机器人"。我们还有另一个机器人被炸得千疮百孔，我们用胶带把它绑起来，因为它需要继续工作。它仍然非常可靠，直到电子设备受损，然后我们就只能放手了。然后，好吧，它走了。再换一个新的。

研究人员：你有没有给这些机器人起过名字？

二级军士长 R：不。可能因为我只关注小事。我会说，"带好东西，我们走"。确保所有的东西都装好了……有一段时间我们把机器人放在楼里，但大部分时间我们把它们放在卡车后车厢里。所以我们一般看不到它们，直到需要使用时我们才对它们进行清理，做好准备，我们像对待武器一样对待它们。只要你照顾它，把它清理干净，它就会发挥作用，做它应该做的事情。但它们的位置是在卡车后部，除非我们把它们拉出来维修，否则它们就安全固定在那里。[罗伯森（Roberson S.），个人通信，2014 年 3 月 5 日]

在这篇文章中，罗伯森承认并从几个方面解释了个体对机器人的依恋。机器人具有明确的、自发的自我延伸身份。此外，机器人是团队共同经历的一部分，包括对机器人的日常照顾；以及当失去它时，团队通过集体表达的挫败感是这段关系的最终情感书签（the end emotional bookmark）。然而，他也澄清了机器人的"位置在卡车后部"，他们仅把机器人当作"武器一样"看待。

归根结底，这些故事是从一个特定的角度来描述什么具有意义。在适当的时候，所有观点和行为的文化转变，甚至战争行为的文化转变，都是建立在对活动达成集体共识的立场之上，但其规模要宏大得多。

第九章
变　革

目前，人–机器人交互研究尚处于早期阶段，用户对机器人功能、行为和反应的准确预期问题变得越来越复杂，并产生了与人–机器人关系相关的伦理和道德问题。机器人将如何被用于战争和秘密行动，以及与其相关的一系列道德和政治辩论将持续。越来越多的机器人技术成果、人类对新技术的情感反应，以及机器人使用的新情况和新场景，创造了新的人–机器人关系，从而引发了关于人类对机器及其使用的期望、义务和责任的更大范围讨论（Brooks，2002；Lin et al.，2008；Arkin，2009）。因此，研究个体对机器人的期望不仅属于个体用户领域，也属于社会领域。从本质上讲，对于人–机器人交互研究领域，整个世界还仅仅处于探索和理论建构的初级阶段。

有关人–机器人伦理和政策的讨论已经以韩国《机器人伦理宪章》（*Robot Ethics Charter*）等倡议的形式出现，该宪章声称正在制定如何对待机器人的法律准则（Yoon-Mi，2007）。此外，还有一些项目，如由欧洲机器人领域科学家制定的《欧洲机器人技术路线图》（Veruggio，2006），该路线图认为需要讨论和制定相关伦理框架，最终作为设计、制造和使用机器人的重要准则。在美国，专家们呼吁成立"联邦机器人委员会"（Federal Robotics Commission，FRC）。成立这一联盟的理由是，机器人技术以及人类与机器人互动等情况非常独特，对现有的其他技术法律和政策提出了挑战。

国际机器人军备控制委员会（ICRAC）成立于2009年，作为一个国际非政府组织（NGO），其"关注军用机器人对和平与国际安全以及战争中平民构成的紧迫危险"。2014年ICRAC公布的任务声明概述了他们的立场，即机器不应拥有可行使暴力或杀戮自主决策权的地位。这项声明还要求：

- 遥控无人系统应受到限制、监管并公开透明。
- 禁止新型核武器无人运载系统。
- 禁止机器人空间武器。

ICRAC还是非政府组织"制止杀人机器人运动"（Campaign to Stop Killer Robots）指导委员会的组成部分，该运动倡议全面禁止自主武器行动以敦促国际社会责任，尽管其名称特别强调了机器人。致命自主机器人（LAR）不同于远程操作的无人机和类似武器，因为它们不需要与人类互动，能够自主决定何时打击目标。海恩斯（Heyns）在提交给联合国人权理事会的一份报告中声称："不假思索的战争就是机械大屠杀。同样，剥夺任何人的生命都至少应该经过深思熟虑，允许部署机器杀死人类的决定应该在全世界范围内集体暂停……"（人权理事会第23次会议，2013）

反对自主机器人武器化的理由包括技术和伦理两个方面。在几十年也许更快的时间内，机器人武器将有可能选择和攻击目标（包括人类）而不需要人类控制者。史蒂文·古斯（Steven Goose）是"人权观察组织"（Human Rights Watch）的军备控制行动主管，该组织管理着大约50个支持这项禁令的非政府组织，他说："我们不是反对机器人，甚至不是反对自主性。我们只是说，你必须划清界限，明确什么时候对瞄准和攻击等关键作战决策不再拥有有意义的人类控制……一旦达到了平台武器化的阶段，就必须保持有意义的人类控制。"基于以人类为中心战争的悠久历史，现有的许多军事交战规则和战争性质将使致命自主武器系统很难确定自己的位置。诸如必要性、区别敌友的能力、在各类行动中权衡对平民的潜在危害和军事优势时的复杂考虑等主观概念，目前都超出了这些系统的能力范围。对于这些自主武器系统的反对者来说，这些机器人系统无法满足国际人道主义法则和国际人权法则的要求，因此在制定政策时需要认真考虑。此外，作为伦理关切问题，有一种观点认为机器人不应该被赋予决定人类生死的权力。

然而，支持自主武器系统研究和开发者坚持认为，恰恰因为机器缺乏人性，它们将是非常有利的战争工具。该系统的倡导者声称，全面禁止将导致另一种危险，即限制了可拯救人类生命的科学技术的进步。他们的观点是，虽然自主武器缺乏共情能力，但这种封闭系统不会受到愤怒、恐惧、复仇等人类情感的影响，也不会受到疲劳、饥饿等人类身体状况的影响。此外，与人类相比，最终这项技术的决策速度更快，并在快速变化的条件下具有更高的反应能力。这一思想的支持者认为，拒绝发展这项技术是不负责任的，因为无论正式政策如何，这类武器都将在世界范围内进行生产和使用。

一个群体中的人们如何看待其他被视为不属于该群体的人，以及采用什么标准对不同群体的人做出决定，以证明不将他人视为人类是正当的，这在战争中是重要的差异，也是人们如何看待自己的重要差异。人们普遍承认，在战争期间，那些被视为敌对一方成员的人也存在被非人化的过程。使这些人变得不那么具有人类性，或者与被认为类似于"家庭"群体的人之间存在着危险的差异，是一种让个人在情感上为暴力冲突和不可避免的生命损失做好准备的方法。人们如何在别人和自己之间形成这些差异，在许多方面，与他们如何形成社会类别以及如何将自己与非人类区分开来非常相似。目前仍有待发现的是，自我意识是如何及何时与其他物体（如机器人）交织在一起的，以及这些物体是否改变了人类的定义。当人们开始感受到对一个物体的爱，并将依恋、情感、历史和独特性赋予它的那一刻，它们在某种程度上就被赋予了一种品质，即人性。

一、战争中无人机的特性

有一段时间，"drone"这个词指的只是单调的活动、持续不停的声音，或是听从命令、不加思考的工人。无人或无人驾驶飞行器（UAV）现在也被称为遥控飞机（RPA），并很快成为"drone"这个词的主要联想对象。也许不公平的是，"drone"这个词过去的含义目前正在我们的语言中逐渐消失。

尽管随着技术的变化，团队角色正在迅速变化，但 RPA 操作的代表性场景至少由两名人员组成，他们直接与无人机一起工作，一名负责观察瞄准，另一名负责飞行驾驶。其他人，如图像分析员和安全分析员，虽然也与机器人持续互动但只是间接监控其行为及影响后果。观瞄员和飞行员有时在同一物理空间内工作，座位彼此紧挨着。飞行员控制飞行动作，而观瞄员负责操纵机器人的摄像机并将武器对准选定的目标。武器发射过程需要两人之间的合作，从而发起和指挥无人机的行动或行为。当飞行员开火时，观瞄员将导弹引导向最终目标。分析员可以现场观看无人机任务的视频直播，或者需要反复观看以核实细节。

根据一些前无人机操作员的描述，这些小组可行的值班制度是 12 小时轮班工作，偶尔通宵值班，每周最多工作 6 天。"捕食者"无人机可以在空中停留 18 小时，飞行员-观瞄员团队执行任务的表现预计能够与该技术的持久性保持一致。

操作员还报告说，作为工作的一部分，他们还要观察人们的日常生活。这些人（在军事术语中被称为"目标"）有时并不知道无人机的"眼睛"将他们在世界各地的图像投射给观瞄员和飞行员。一位前操作员说，如果他的任务是监视一个特别重要的目标，他可能会在一栋房屋的影像上花几个星期的时间。

一位操作员向新闻媒体公开讲述了自己的情感经历后，发现自己是第一批向媒体讲述亲身故事的人之一，有时他会从战友或其他人那里得到负面反馈，他们认为他的情感经历不如那些脚踏实地参与战争的人真实。作为无人机小组的一员，他第一次发射导弹时，导弹杀死了两人，重伤了第三人，而他在摄像机镜头下看着他们遭受了很长时间的痛苦。他的反应是在下班回家的路上痛哭，然后打电话给母亲寻求安慰。他还声称，与人类、与他人"脱节"的感觉越来越强烈（Abé，2012）。他负责收集情报，并对已知的塔利班武装分子进行侦察，他看到那些被认为值得监视的人过着他们的日常生活——孩子们在玩耍，农民们在田地里劳作，丈夫和妻子深情拥抱。"我得认识他们。"他解释说。晚上他会切换到红外技术，甚至会目睹情侣间的亲密时刻，"两个红外亮点变成了一个"（Abé，2012）。

当然，也会遭遇看着战友们死去的创伤。图像分析员每天都要观测侦察武器发射的后果，观察伤亡情况，但却无法进行实际干预，并且随后可能生活在幸存者罪恶感之中。此外，有时可能会出现这样的问题：他们如何确认自己对敌方军队或武器识别的准确性，以及他们根据这些观测所作选择的准确性。在战争的各个方面，责任都是一个脆弱的概念。RPA 操作员实际上可能位于距离任务或事件地点半个地球之外的地方，但他们仍然在很大程度上通过其行动发挥重要作用。

关于 RPA 人员与工作环境有关或因其工作环境而恶化的心理健康问题，几乎没有现成的数据。少数前操作员的自我报告表明，这种通过远距离自我延伸进入战争的新方式可能会造成严重的创伤。虽然观瞄员可能不会发射武器，但其协调工作最终仍是这种致命力量的一部分。RPA 操作员在战斗中可能不会受到身体伤害，但他们的行为将会影响自身的情绪、睡眠，并可能导致自杀的想法和抑郁症。与一些人称 RPA 操作员为"咖啡杯勇士"的流行角色不同，现实情况是，他们需要工作很多小时，执行很多任务，参与导致暴力后果的行动。然后，他们在轮班结束后回到家中，需要在某种程度上把自己的情感关闭并隔离开来。在轮班工作期间，他们的行动可对其他人造成不可改变的后果，而"关闭"自然的情感过程，回家并带着这种理解生活是一种不同于以往战争的创伤。

研究人员在 2011 年对美国空军 600 名作战无人机的操作员进行了心理健康调查，发现许多操作员可以通过帮助和保护地面部队而获得成就感。但这项研究还报告说，40%的捕食者/收割者遥控飞机机组人员报告了中到重度的应激水平。更具体地说，自我报告的职业应激分级显示，15.3%的参与者感到极大的压力，19.5%的参与者报告了重度情感耗竭。对照组为从事后勤或保障工作的 600 名空军军人，相比之下对照组中 36%的人报告说压力很大。该研究没有对 RPA 操作员和驾驶飞机的军事飞行员进行比较。

RPA 操作员不同于地面上参与同一任务的其他人员。地面上的士兵看到无人机可能会认为它是一种保护性或安慰性的存在。战区内的平民可能会带着各种情感看待无人机，从害怕战争的不可预测性，到对天空中出现武器的愤怒，再到友军存在于该地区的慰藉感。当然，敌军在情感上会从完全不同的角度看待无人机的存在，可能会有愤怒、挫败甚至羞辱感。

尽管杀戮的手段可能会随着时间推移而发生变化，无论是使用子弹还是激光，但死亡的结局仍然是一样的。争论的焦点将继续集中在无人机操作员经历创伤的方式是否属于当前的正规心理学范畴。对于如何量化或分类远距离杀戮对人类心灵的伤害，将需要不断探索。明确指出不同方面的情境差异及其对情感创伤的影响，将有助于揭示物理情境的差异。尽管挥之不去、无处不在的恐怖感和罪恶感出自不同的原因，但挑战依然存在。

从操作员的角度来看，另一个与交互有关的关注点是自我可能延伸扩展到无人机或飞机。这种自我延伸是否发生，达到什么程度，或有什么规律性，还有待证明。类似一些 EOD 机器人的界面设计，可将类似视频游戏的功能有目的地集成到无人机操作上，比如使用操纵杆。虽然这可为许多用户熟悉操作奠定基础，但也会对现有的玩家自我延伸扩展到游戏角色的观点进行研究类比。

无人机不会很快消失，但它们的设计和用途将不断发展。华盛顿大学的瑞安·卡罗（Ryan Calo）建议增加无人机的拟人化设计，以减轻飞行员/操作员的负罪感。理论上看，赋予无人机更多的类人化特征，比如基本交互的自然语言能力，将在一定程度上消除与操作员决策相关的负罪感。原因在于，虽然 RPA 操作员命令无人机行动，但并不会觉得这是他们的直接行动，因为最终责任将与这一拟人化的他人共同承担（Axe，2012）。

二、自我和机器

关于自我（self）和他人（other）的观念是如何构建的，以及这些观念之间的相互依赖性，存在着非常不同的文化差异。反过来，这些文化差异是影响个体体验的重要因素，包括认知和情感。例如，在美国文化中，人们寻求构建自我和独立于他人的一种有意义方式是表达他们独特的内在品质。这种观点将个体视为具有独特属性的独立和自主的实体,其动机和行为被认为是基于这些独有的特征、能力、动机和价值观。另一个例子是,某些文化将自我关注视为一种依存、依赖于周围环境的东西,自我是相对于他人而被发现和定义的。通过这种方式,自我和他人是与日常工作、事物相关联的概念,人们期望它成为生活的一部分。

此外,除了生理或生态的自我意识之外,每个人都有一种内在活动的意识,如思想和感情的持续活动,这些活动非常隐秘,以至于别人无法直接了解它们。对这种隐私、非共享体验的意识导致了一种内在的、私密的自我意识。内在自我的确切内容和结构可能因文化的不同而大不相同。它也表现为外在或公开自我(outer or public self)的陪衬,后者源自与他人的互动和联系。与其他自我框架一样,外在或公开自我源自个体与他人和社会制度的关系,其性质在不同文化中也可能有很大的差异。了解自我和他人功能的一个重要方面,是其在激励人们或以其他方式激励人们采取行动方面的作用。

构成自我的一些基本要素:

• 个人体质,如面部特征、器官、身体。
• 心理过程,如良知、情感、性征。
• 身份特征,如姓名、年龄、职业或工作。
• 财产,如服装、房屋、车辆。
• 生产,如工作成果、行动。

物理接近性是某一项目能否包含在自我定义中的决定因素,而个人可以控制或操纵的对象更可能被归类为自我的一部分。据此,家人、朋友和同事等其他人,家具等被视为无意识的物体,以及社会规范或法律等抽象思想,通常不被视为自我的一部分。这种自我理论所提供的框架,有助于从社会存在角度理解人–机器人的关系。

在计算机介导环境中,当与人类、虚拟形象(化身)和物体的交互感觉或看起来真实、直接、接近时,就会产生存在(presence)。比奥卡等(Biocca et al., 2003)强调"存在"通常由两个相互关联的现象组成:①临场感

（telepresence），或身临其境的感觉，②社会存在（social presence），即与他人在一起的感觉。这两种存在形式在虚拟和计算机介导世界中都非常明显，人们通过与其化身的交互或空间沉浸和参与程度来实现临场感，以及通过化身与他人交互来实现社会存在。也许这并不奇怪，能够提供某种与现实世界自我构建相同标准的虚拟环境，鼓励用虚拟人物或其身体的其他远程表现形式来确定自我。正如舒尔茨和莱希（Schultze et al., 2009）所述，虚拟世界可能包括：

- 定制的化身，可实现计算机介导的具身化。
- 在线世界虚拟财产，如游戏武器、货币、家具或服装。
- 虚拟人物及其环境的动画，允许在虚拟环境中移动和交互。
- 个人资料中与其他人共享的信息，如姓名、兴趣、成员身份或从属关系。
- 便于从不同角度观察的摄像机。
- 各种交流方式，如可作为文档保存的语音、私人或公共聊天及备忘卡等。

这些存在的方式可以支持或限制个体在另一个环境中的存在感，无论是在虚拟环境中，还是在远程操作情境等真实环境中。综合这些因素，类似于真实世界中人们与周围环境互动的方式，使得人们能够通过与化身或虚拟自我（临场感）交互，以及通过化身与他人交互（社交存在），从而实现情感和认知沉浸（immersion）。

鉴于他人在构建个人自我观念中的重大贡献，以及调节个人和群体行为的相关方法和现实版本，理解自我和他人是值得深入研究的，以便发现这一过程中哪些部分（如果有的话）是普遍存在的。此外，为了对这些过程的亚文化差异提供重要理解，对军队（或更小一级的特定群体，如 EOD 群体等）的考察可能有助于深入了解这些活动的控制机制。鼓励或减轻现实世界中的自我意识或他人意识，将允许或限制个人因素，如动机、行为和参与，以及协作、信任和凝聚力等团队交互。对这些现象的理论理解将导致在虚拟和真实环境中改变或调节人类行为的成功实践，以及与人、机器人或其他各种技术的共同工作。在任何环境中与他人共存，都要求人们不断地评估和重新定位自己的行为，这取决于其对他人的理解，是将他人视为一种危险、支持，还是通过交往可改善自我的实体。他人在现实构建中的重要性，以及区分威胁性他人和支持性他人，对人们生活中的相互依存状态至关重要。一个社会群体的界限取决于自我和他人的概念。在文化中，自我的表现是围绕着独特性或区别于他人的思想发展起来的，识别他人就变成了确定他人是否与自己相似，而不是怀疑自己是否与他人相似。

人们往往有一种错误的倾向，觉得行为是另一个人内在特征和过程的结果，将行为主要归因于另一个人的个性，而不是同样影响行为的情况或场景（Ross，1977）。现在，人们采用这种归因效应来解释机器人的行为，至少作为一种初步或潜在的理解模式。这种偏见的应用程度受到诸如文化影响、高认知负荷环境中行动或个人倾向（如具有高度控制欲）等因素的影响。

依恋于化身并将其作为自我的延伸或自我的表现，是一种合理的自我概念形式。当发生依恋时，对该表现形式的伤害或伤害威胁都可能被认为是对化身操作者犯下道德或伦理错误。如果说这种感知到的自我威胁因为"不真实"而微不足道，那么就可以最小化已经被认为非常重要的依恋，如对人、宠物和财产的依恋。在虚拟环境中，化身是操作者用来与世界进行交流和互动的表现形式。即使化身并不具有与操作者相似的物理特性，其行为也是操作者所做决策、个性和信念系统的延伸。

不幸的是，对依恋于化身的理解并不能为如何使用这些信息提供处方或规则手册，也不能预测当其他情境因素发生变化时会出现什么问题和挑战。例如，如果一名操作者在情感上依恋于一个化身，这是否会阻碍或帮助他们有效地通过它来实现目标？在国防领域或其他危险和压力大的工作中，一个明显问题是，一名投入大量情感的操作员可能会因化身的损失或伤害而分心，无论该化身是机器人还是计算机支持的其他复杂表现形式，士兵通过其远距离参与行动。

缓解化身伤害这一特殊问题的一种选择，是鼓励用户在情感上远离他们的化身，如开展专门针对这一主题的训练。然而，这种解决方案假设操作员对这种表现形式的依恋在道德上并不重要，并将情感分离的责任推到操作员身上，即使是经过深思熟虑和广泛的训练，这种本能也很难随时间和各种情境得到可靠的控制。当将机器人作为化身时，比如远程操作的半自主机器人，明确告诉操作员从情感上剥离自己的想法将非常棘手。随着机器人在很多情况下越来越普遍地融入人们的日常生活，操作员对与半自主机器人互动的情感期望会不断变化，与那些必须克制对其投入情感的机器人相比，半自主机器人被认为值得情感投入，而这至少是一种持续的文化和认知调整。

与机器人的远距离交互为人类操作员提供了高度的态势和动态交互。尽管如此，与其他各种技术交互一样，操作员有可能以动态流动性（dynamic fluidity）与机器人接触。操作员可以无缝变换与机器人化身的关系，从一开始仅仅将其视为实现目标的操纵工具，转变为自我的延伸，因为它使操作员能够沉浸到遥远的环境中。此外，随着机器人形态、定制选项和态势情境的变化，操作员可以将机器人化身视为自我的理想表现形式。例如，定制一个在战争中显得特别可怕的遥控机器人，可能会增强操作员的自信，这可能会导致有益的、过度自信的或危险的行为。此外，操作员可以将遥控机器人作为工具来表达他们作为人类时自身通常不会表现的行为，因为机器人是匿名的，即在远距离控制机器人时，目标对象无法确定操作员的个人身份。

正如本书采访一小部分 EOD 人员时所呈现的那样，个体对机器人看法的显著差异并不意味着机器人依恋现象不存在。相反，关于机器人的思维模型系统认为，机器人在情境和态势上是相互依赖的。个人在文化中用来定义身份和自我的界限是社会建构的，是变化不定的。基于对这些事情的了解来操纵机器人的设计和使用，可能不会减轻人们情感依恋于机器人或自我延伸到机器人的倾向。然而，对人–机器人交互中人类方面的每一点深入了解，都有助于理解和影响可控变量（如设计、训练），从而实现对人–机器人协同工作的最积极预期结果。

机器人，即使是非常像人类的机器人，目前也无法被整齐地（或有规律地）归类为环境中的另一个人。尽管如此，人们如何定位自己与机器人的关系，有助于他们与其他机器人建立联系，并随后告知他们如何与机器人互动。

三、文化演进

人们一直在学习新的生存方式，并以技术为媒介与他人建立联系。无论是写信还是发送电子邮件，是使用电报还是智能手机，人类社会都在探索新的风俗习惯，并预期这类人际交流方式的能力和局限性。考察技术和文化之间影响的相互关联和动态循环的方法之一，是采取西方的自我模式与实际社会行为不符的立场。最终不可避免的是，这些范式将不断演变，甚至反映了西方个人主义者本质上相互依赖的特征。全球化的现实迫使人们重新思考个体的本质。

另一个自我扩展的例子是我们对社交媒体的使用。社交媒体为扩展人类的存在提供了丰富的手段，当某人能够在一定距离内接触到另一个人并分享经验时，有时会让世界变得更小。目前最为流行甚至普遍存在的两个例子是Facebook 和 Twitter，这两个例子充分展示了人们如何通过社交技术进行互动，尽管计算机被视为一个脱离现实的实体。近年来一个有趣的现象是，从技术（有时是机器人）的角度来看，虽然这些账户由真实的人来管理，信息的叙述结构以及与读者的互动都是建立在以人为中心的社会交流模式之上，但这些网站上的账户仍被视为虚假自我表达的工具。这些账户通常被认为是为了吸引人们，无论其目的是出于幽默，还是为了获得对某一特殊事件或项目的兴趣。

一个例子是欧洲航天局工程师伊萨·芭芭里西（Isa Barbarisi）建立的Twitter 账户 LVX-1（@isa_MYB），她用一种类似机器人的语调为 LVX-1 配音，展现了太空中类人机器人的变形图像，标题是"LVX-1 关于太空旅行的沉思"。LVX-1 的名字取自艾萨克·阿西莫夫（Isaac Asimov）的短篇小说《机器人梦想》（*Robot Dreams*，1986）。科幻小说中的故事和围绕真实太空任务展开的故事交织在一起。芭芭里西解释说："我为欧空局 ExoMars 任务工作，这个账户是为了激励人们，让他们接触激动人心的太空任务。"（个人通信，2015 年 1 月 12 日）

2013 年，在国际空间站日本基博实验舱，小型类人机器人 Kirobo 与宇航员若田光一（Koichi Wakata）进行了对话。全世界有许多人观看了两人以自然方式交谈的视频。事实上，机器人设计师高桥智隆（Tomotaka Takahashi）解释了研发 Kirobo 的首要目标（Burton，2014）：

> 基博机器人项目有一个特殊的任务，即帮助解决现代社会越来越个性化、交流越来越少所产生的问题。现在越来越多的人一个人生活。如今生活方式改变的不仅仅是老年人，还有各个年龄段的人。开发一种新型的机器人–人类界面，也许可以找到解决这个问题的方法。这就是我们对这个项目的目标。

该项目的任务非常庞大，很难不为这个小小机器人肩上的目标重担感到同情。也许两人之间最令人心酸的时刻是 Kirobo 和若田光一之间的最后一次交流，机器人要求宇航员不要因为道别而感到难过。"我有点累，所以我想我要休息一会儿，但我希望你抬头仰望天空时能够想起我。"（Burton，2014）

一家军事讽刺网站刊登了一篇题为"EOD 士兵在军队拒绝他与机器人结婚后提起歧视诉讼"的报道（Duffelblog，2013）。与此同时，网上还流传有部队出于幽默目的定制 EOD 机器人的第一手真实故事。机器人研发人员有时会对他们的产品进行一种有趣而深情的展示，比如 QinetiQ 公司的一位机械工程师和她的未婚夫举办真实婚礼时，一个"龙行者"（DragonRunner）机器人出席了婚礼并担任捧戒指男童。这个机器人在冥河乐队（Styx）的"机器人先生"（Mr. Roboto）音乐声中步入婚礼现场，它穿着一件小燕尾服，加入舞池里的派对人群。从所有的报道来看，这次婚礼是一场成功的爱情庆典，包括机器人的出现及其指明的新娘的日常工作（Pantozzi，2012）。上面这些例子说明了人类与这些机械物体进行的一部分协调，这些物体被人类建造、使用、维护，并且常常依赖于它们有效工作。这些互动说明了人类与机器人（有时是社交机器）的关系正在演变。

对真相的认识依赖于约定俗成的惯例、人类的感知和社会经验。评估某一事物的真实性可以考察它是否遵循某一系统中连贯一致的概念。那么，真相就成为更大整体的一个要素，个体因素被视为这一更大系统的一部分。然而，逻辑规则并不适用于每个人所理解的真理的动力学。

可以通过搜索模式来建立一系列连贯的事实，这在某种程度上是理解某些现象的有效策略。各种版本的真相中存在一致性，它们可能更容易得到探究并被分离出来进行分析讨论。尽管如此，人们拥有的所有经验并不能如此轻易地被收集、分类和检验。有些人认为无法对真相进行情感测试，因为收集证据来支持人类的本能、记忆、经验和直觉是一项不可能完成的任务，但观察事物也并非每个人确定真相的唯一途径。一个更大范围的故事——一个关于人类和机器人的故事正在涌现，机器人不仅是可以被接受的，而且可以将它们融入人类世界和日常生活。我们每天都在撰写新的故事，我们所有人，共同撰写。

附 录
访谈参与者对"机器人"的逐字定义

姓名	调查问卷回答	访谈回答
艾伦 （Aaron）	具有多种功能的机器，可以自动运行或遥控运行，而不仅仅是车辆	它基本上是一台可以执行多种功能的机器，你知道，不仅仅是功能单一的设备，它可以自主运行，或者预先编程去做某件事情，或者由未在现场物理接触的人用无线电控制器或其他什么东西直接控制。你坐在这里操作控制器，而它在其他地方做它该做的事
布雷迪 （Brady）	人类用来获得所需结果的复杂工具	简单地说，它是一种工具，一种非常非常重要的工具。它很复杂，有电线、电路、摄像机等，但归根结底，它只是一种工具，是我们使用最多的工具，而且非常昂贵，但它只是一种工具
欧文 （Irving）	通过人类直接控制、半自主或完全自主发挥功能，通过机电运动执行功能、服务或动作的任何系统	通过机电功能来执行的东西，嗯，执行某种类型的运动，某种类型的功能，不管是……我要引用我自己的一些话……通过人类直接控制、自主或半自主控制，基本上要么模仿人类的行为，要么执行设计好的动作
莎拉 （Sarah）	远程工具	我只是说它基本上是一种远程工具……能够使炸弹保持安全或使用远程功能处理它。你知道，根据其能力让所有人保持尽可能远的距离
杰里米 （Jeremy）	对于 EOD，这是一种我们用来远程控制的工具，可以侦察、录像、操纵、放置工具等在简易爆炸装置或可疑物品上，而不用派炸弹技术人员去现场调查	这是一种……用于爆炸物处理的工具……我们用来执行远程侦察，操纵设备，调查未知物品，放置工具，演示验证，充电，远距离使用它等

姓名	调查问卷回答	访谈回答
赫克托（Hector）	人类控制的运动机械或编程工具	我想，有很多不同类型的机器人。这是一台机器。它不会自己做决定。它要么是人类直接控制的，要么是被编程来完成某项工作。通常它们会以某种形式移动，但不是全部。我不知道。我是一名……我以前在[地点删除]工作，我们有机器人画家。所以这些机器人，它们可以移动一只手臂，但它们不能转身或做其他任何事情，所以它们是机器人，没有人直接控制它们，但有一个计算机程序来控制它们。所以我也考虑那些机器人。我想这有点难以用语言表达
马歇尔（Marshall）	一个完成任务的工具，它可以防止我自己去冒险	我真的认为机器人是一种工具和一种延伸，我觉得它是一种工具，让我既能完成我的工作又不必承担特别的风险。不是吗？我的意思是，我的机器人对我来说非常非常重要。是我最重要的工具，因为它给了我行动时最需要的东西，那就是距离。我的意思是，如果我能拆除炸弹或者至少弄清楚它，即使我不能接近它或者用机器人拆除它，我可以有更好的态势感知能力，我把机器人放下去看到它，然后当我穿上炸弹防护服，我可以……我可以下到那里，并且如果我在不得不亲自去看之前知道地上有什么，我就不太可能被炸死。当你成为一个优秀的机器人操作员时，机器人就是你自己的延伸，它……它就在那里，它在做事情，你知道，作为一名队长，我曾经很喜欢它。就像（笑）把它开到那里，去工作，然后"砰"的一声拆毁炸弹。是的，我不需要穿防弹服。非常酷（笑）。你知道的。另一方面，你是操作员，需要清理、照顾、修理、组装机器人，你知道，是的，这类事情。但我……我喜欢机器人。我认为这是必需的。我认为这是有史以来为 EOD 行动配置的最伟大的工具

续表

姓名	调查问卷回答	访谈回答
奥马尔 （Omar）	机械电子装置，通常用于自主或在人类指导下（或两者之间协同）执行重复、危险或远程行动	基本上，这是一种机械延伸，去做某些事情——因为过于重复或者过于危险，以前通常由人类承担的工作。这是一种省力的装置。它不像 Waldo 那样直接与你相连，你知道，它可以复制你的手势，但它可以是自主的，也可以是完全远程控制的，这取决于它的功能。当然，对于炸弹技术人员，我们想要……我们喜欢一些自主功能，但是我们认为这些自主功能并非不需要人类指导就能开始。你知道，在我们的许多演练中，和（某连队）士兵及重型机械师交谈时，他们想看看如何建造产品，然后问："嗯，你知道，如果你……如果你做了这个或那个怎么办？"而且，你知道，我们说过的一件事是，"我不在乎它会不会转过来，我不想让它在我没有告诉它怎么做的情况下自己站起来"。你知道，它的功能很好，它会自动做到这一点，但是……如果我不让它这样做，我就不希望它这么做
韦德 （Wade）	由操作员以某种方式控制的遥控机器。它具有某种形式的编程或预设动作	对我来说，这是一种遥控机器，它预先进行了编程，所以它有设定的功能，PackBot 和 Talon 都是很好的例子。有三组设定功能，所以如果你想让它进入……我的意思是，如果你想将机械臂收回至收起位置，我认为 PackBot 有更多的功能，因为你可以进入搜索模式，它会自动将自己配置为最佳设置，或者设置为行驶模式。我想它还不会自动刹车。不过，你还是要学会怎么使用它。这是一种机器，就像我说的，遥控器会设置程序，这样你可以说，做这个，它会做你想要它做的事情。它要么是无线电控制，要么是通过光纤连接
罗伊 （Roy）	对我来说，机器人是一种电子或机械装置	机器人是一种很有能力的工具，它可以让你远距离工作，而无须让自己暴露在危险之中
西蒙 （Simon）	有两种定义。一是……哦，你会怎么说？这是一项机械发明，旨在使我们的生活更轻松、更安全。另一个是……它是我们自己，我们自己个性的延伸。因为在你使用了一段时间后，它们必须具有个性	这是一项机械发明，旨在使我们的生活更轻松、更安全。这是最重要的。有时候，它可以是我们个性的延伸

续表

姓名	调查问卷回答	访谈回答
以赛亚（Isaiah）	具有多种用途的机械工具。它绝大部分可以控制，可以被人类控制	对我来说，它是，你知道的，一种工具，你知道，任何人，我的意思是，用它来，你知道，完成一项具体的任务。我的意思是，可以用来娱乐……但是，我是说，这意味着，特别是在我的经验中，它是一种工具，用来保持，你知道，人类，你知道，处于安全的港湾中。这是一种非常有效的方法，你知道，在战斗环境中
杰德（Jed）	机器人是一种机械……让我想一想……我认为它是一种工具，允许操作员远距离做一些事情	机器人是一种很有能力的工具，它可以让你远距离工作，而不会让自己暴露于危险之中
雷纳尔多（Reynaldo）	好吧，我想，用我自己的话来说，对我来说，它只是……一个……一个用来完成，你知道，任务的工具……对于 EOD 技术人员……任务处于非常危险或迫在眉睫的威胁情况下	机器人只是一种……机器人是一种使用的工具，实际上，它是一种工具，供 EOD 技术人员在面临迫在眉睫威胁的情况下使用，即 IED 极有可能发生爆炸。这是一种 EOD 人员可以用来远程处置 IED 或开展安全处置程序的工具。这是另一种工具……（笑）为了安全目的
本（Ben）	机器人是一种计算机化的机器或工具，我应该说，我猜，当与人类交互使用时，由人类控制执行不同的操作、任务、完成目标，以及所有危险的事情	它只是一台机器，它是一种工具，你知道，它有一个界面，它必须有人类要素混在其中才能发挥作用。我的意思是，在我的例子中，使用语言文字和我们在 EOD 中如何使用机器人，我的意思是，都具有相同的事物本质。你知道，还有其他机器人的定义。有科幻的，日本现在开发的，还有玩具狗机器人，你知道的，对于所有特殊目的（科学），我想，真的不需要任何形式的人机交互，而当我们使用它时……当我们使用它们和所有东西时，它是一台需要人机界面的计算机化机器，它允许我们在保持一定安全的情况下完成特定的目标
里昂（Leon）	它是一种工具	一种工具
拉沙德（Rashad）	机器人是人类操作的工具	我会说，一种机械的，一般来说，电子的，通常由电池驱动的装置，通常用来完成某种机械任务。但我还要补充一点，它也可以用于……获取听觉或视觉。我不认为这在我之前的定义中没有予以确定。你可以用机器人充当摄像机和麦克风。那会很有用的

续表

姓名	调查问卷回答	访谈回答
奎恩 （Quinn）	机器人是一种具有人机界面的机械装置，它在人类操作者的直接监督和控制下，帮助我们完成枯燥或危险的任务	它是一种由人类控制的机械工具，用来完成一些枯燥或危险的任务，以帮助减轻人机界面的危险，也就是说，将设备的机械部件置于人类的直接监督和控制之下
马库斯 （Marcus）	一种机械电子系统，针对一组任务预先编程或由人类控制以提供帮助	机器人是用来帮助人类完成某种工作或职责的机械电子装置
米诺 （Mino）	机器人是一种通常用电池驱动的设备，或者通常连接到由人类控制的控制单元上	机器人是一种由电池驱动的履带式设备，由人类通过无线或有线通信方式进行操作
康纳 （Connor）	机器人是一种远程平台，设计目的是在远程位置完成任务	这是一个可以让你远距离完成任务的系统，而不用亲自去到现场。它只是一个完成同样任务的远程系统，但更安全
大卫 （David）	机器人，是我个人，是我的手的过渡和延伸。机器人是我们使用的工具，好吧，它是一种了不起的工具。它让我们安全。只是……它不是很……很明显，它不能独立工作，但基本上，如果你能拥有世界上最好的机器人，可以做任何事情。但是，如果没有一名优秀的操作员，并且他受过设备方面的培训，那么这个机器人……机器人技术就几乎会被淘汰	是的，就像我之前说的，这只是我双手的延伸。这是我们用来保护人们安全的工具
阿克塞尔 （Axel）	机器人是一种执行任务的机器，但它由人类控制	它是一种需要人类输入指令来完成任务的机器

参 考 文 献

3d Explosive Ordnance Disposal (EOD) Battalion. (n.d.) On *Facebook* [government organization]. Retrieved October 29, 2011 from https://www.facebook.com/pages/3d-Explosive-Ordnance-Disposal-EOD-Battalion/183756438317677.

Abé, N. (2012, December 14). *Dreams in Infrared: The Woes of an American Drone Operator.* Spiegel Online International. Available at: http://www.spiegel.de/international/world/pain-continues-after-war-for-american-drone-pilot-a-872726.html.

Ackerman, E. (February 17, 2012). *DARPA wants to Give Soldiers robot Surrogates, Avatar Style.* Available at: http://spectrum.ieee.org/automaton/robotics/military-robots/darpa-wants-to-give-soldiers-robot-surrogates-avatar-style.

Afghanistan Annual Report on Protection of Civilians in Armed Conflict. (2012, March). Kabul, Afghanistan: United Nations Mission Assistance in Afghanistan (UNAMA) and Afghanistan Independent Human Rights Commission (AIHRC).

Air Land Sea Application Center. (2001, February). *EOD Multiservice Procedures for Explosive Ordnance Disposal in a Joint Environment.* Langley AFB, VA: ALSAC. Available at: General Dennis J. Reimer Training and Doctrine Digital Library: www.adtdl.army.mil.

Ambert, A., Adler, P.A., Adler, P., and Detzner, D.F. (1995, November) Understanding and evaluating qualitative research. *Journal of Marriage & the Family.* 57(4), 879–93. Available at: http://www.sociology.uwaterloo.ca/courses/soc712/ambert-adlers.pdf.

Arkin, R.C. (2005). Moving up the food chain: Motivation and emotion in behavior-based robots. In Fellous, J. and Arbib, M. (eds), *Who Needs Emotions: The Brain Meets the Robot.* New York: Oxford University Press.

Arkin, R.C. (2009). *Governing Lethal Behavior in Autonomous Robots.* Boca Raton, FL: CRC Press.

Arrow, H., McGrath, J.E., and Berdahl, J.L. (2000). *Small Groups as Complex Systems: Formation, Coordination, Development and Adaptation.* Thousand Oaks, CA: Sage.

Asimov, I. (1950). *I, Robot.* New York: Gnome Press.

Asimov, I. (1986). *Robot Dreams.* New York: Ace/Penguin Books.

Associated Press. (1989, August 31). Manny the robot helping to ensure safety of soldiers. *Daily News.* Available at: http://news.google.com/newspapers?id=8rQaAAAAIBAJ&sjid=HEgEAAAAIBAJ&pg=5321%2C7021877.

Associated Press. (14 September, 2007). Texas company builds emotional "robot boy.".

Atwood, M. (1996). *Alias Grace*. New York: Doubleday.

Auerbach, C.F. and Silverstein, L.B. (2003). *Qualitative Data: An Introduction to Coding and Analysis*. New York: New York University Press.

Axe, D. (2011, February 7). One in 50 troops in Afghanistan is a robot. *WIRED Magazine*. Available at: http://www.wired.com/dangerroom/2011/02/.

Axe, D. (2012, July 7). How to prevent drone pilot PTSD: Blame the 'bot. WIRED Magazine. Available at: http://www.wired.com/2012/06/drone-pilot-ptsd/.

Bailey, C. (2011, January). EOD Officer progression, diversity of EOD positions, and advantages of being dual tracked. *USAOC & S Newsletter*, 41(2), 7–8.

Barber, B. (1983). *The Logic and Limits of Trust*. New Brunswick, NJ: Rutgers University Press.

Bartneck, C., Reichenbach, J., and Carpenter, J. (2006).Well done robot! The importance of praise and presence in human-robot collaboration. *Proceedings of RO-MAN 06: The 15th IEEE International Symposium on Robot and Human Interactive Communication*, 86–90. Hatfield, UK. doi: 10.1109/ROMAN.2006.314414.

Bartneck, C., Reichenbach, J., and Carpenter, J. (2008). The carrot and the stick: The role of praise and punishment in human-robot collaboration. *Interaction Studies*, (9)2, 179–203. doi:10.1075/is.9.2.03bar.

Barylick, C. (2006, February 24). iRobot's PackBot on the front lines. *United Press International*. Available at: http://www.upi.com/Science_News/2006/02/24.

Bates, M.J. (2002, October). *Risk Factor Model Predicting the Relationship between Stress and Performance in Explosive Ordnance Disposal (EOD) training* (Doctoral dissertation). Available at: WorldCat Dissertations and Theses.

Bateson, G. (1972). *Steps to an Ecology of Mind: Collected Essays in Anthropology, Psychiatry, Evolution, and Epistemology*. Chicago, IL: University of Chicago Press.

Battarbee, K. and Mattelmaki, T. (2004). *Meaningful Product Relationships*. In D. McDonagh, P. Hekkert, J. Van Erp, and D. Gyi (eds), Design and Emotion). New York: Taylor & Francis, pp. 391–9.

Bazely, P. (2009). Mixed methods data analysis. In S. Andrews and E.J. Halcomb (eds), *Mixed Methods Research for Nursing and the Health Sciences*. Chichester: Wiley-Blackwell, pp. 84–114.

Belk, R.W. (1988). Possessions and the extended self. *Journal of Consumer Research*, 15(2), 139–68.

Bigelow, K. (Producer/Director). (2008). *The Hurt Locker* [Motion picture]. Universal City, CA: Summit Entertainment.

Billings, D.R., Schaefer, K.E., Kocsis, V., Barreram M., Cook, J., Chen, J.C.Y. (2012, March). *Human-Animal Trust as an Analog for Human-robot Trust: A Review of Current Evidence*. Aberdeen Proving Ground, MD: Army Research Laboratory.

Biocca, F., Harms, C., and Burgoon, J.K. (2003). Toward a more robust theory and measure of social presence: Review and suggested criteria, *Presence*, 12(5), pp. 456–80.

Blankenship, K. (2010, March 4). Face of defense: EOD experience benefits guard soldier. *U.S. Department of Defense News*. Available at: http://www.defense.gov/News/.

Blaustein, J. (Producer) and Wise, R. (Director). (1951). *The Day the Earth Stood still* [Motion picture]. United States: 20th Century Fox.

Bora, M. (2008, March 10). Jabil Circuit digs in on defense with robot: A St. Petersburg electronic design firm, in partnership with iRobot, ventures into the war zone with a machine that acts as a surrogate soldier in Iraq. *Tampa Bay Times*. Available at: http://www.sptimes.com/2008/03/10/news_pf/Business/Jabil_Circuit_digs_in.shtml.

Boston Dynamic. (2012, March). *PETMAN* [photograph]. Available at: http://www.bostondynamics.com/robot_petman.html.

Bowlby, J. (1973). *Attachment and Loss: Vol. 2., Separation: Anxiety and Anger.* New York: Basic Books.

Bowlby, J. (1980). *Attachment and Loss: Vol. 3., Loss: Sadness and Depression.* New York, NY: Basic Books.

Bowlby, J. (1982). *Attachment and Loss: Vol. 1. Attachment* (rev. ed.). New York: Basic Books.

Boyatzis, R. (1998). *Transforming Qualitative Information: Thematic Analysis and Code Development.* Thousand Oaks, CA: Sage.

Braun, V. and Clarke, V. (2006). Using thematic analysis in psychology. *Qualitative Research in Psychology*, 3, 77–101.

Breazeal, C., (2003, March 31). Toward sociable robots. *Robotics & Autonomous Systems*, 42, 167–75.

Breazeal, C. and Scassellati, B. (1999, October). How to build robots that make friends and influence people, *Intelligent Robots and Systems*, 1999. IROS '99. Proceedings from *IEEE/RSJ International Conference*, 2, 858–63. doi: 10.1109/IROS.1999.812787.

Bredo, E. (1994, Winter). Reconstructing educational psychology: Situated cognition and Deweyan pragmatism. *Educational Psychologist*, 29(1), 23–35.

Bronfenbrenner, U. (1979). *The Ecology of Human Development: Experiments by Nature and Design.* Cambridge, MA: Harvard University Press.

Brooks, R. (2002). *Robot: The Future of Flesh and Machines.* London: Penguin Books.

Brown, C. (2011, February 28). BigDog creator gets contracts for Cheetah and Atlas robots. *WIRED*. Available at: http://www.wired.co.uk/.

Brown, D. (2000). Defuse career doldrums: EOD wants you. *Navy Times*, 49(52), 18.

Bundy, E. and Sims, R. (2007, December). *Commonalities in an Uncommon Profession: Bomb Disposal.* Paper presented at the proceedings of the

Ascilite Singapore 2007, Singapore. Available at: http://www.ascilite.org.au/conferences/singapore07/procs/bundy.pdf.

Burgess, A. (1986). *A Clockwork Orange*. New York: W.W. Norton & Company.

Burke, J.L., Murphy, R., Rogers, E., Lumelsky, V.J., and Scholtz, J. (2004, May). NSF/DARPA study on human-robot interaction. Final report for the DARPA/NSF interdisciplinary study on human-robot interaction. *Systems, Man, and Cybernetics, Part C: Applications and Reviews, IEEE Transactions.* 34(2), 103–12. doi: 10.1109/TSMCC.2004.826287.

Burton, B. (2014, September 2). *Japan's ISS Kirobo Robot is Lonely in Space.* C/Net. Available at: http://www.cnet.com/news/japans-iss-kirobo-robot-is-lonely-in-space/.

Campaign to Stop Killer Robots. (2013, July 13). *Report on Outreach on the UN Report on 'lethal autonomous robotics,'* [Report]. Wareham, M., Kastenson, K., Radejko, T., and Glidewell, S. (preparation). Washington, DC. Available at: http://stopkillerrobots.org/wp-content/uploads/2013/03/KRC_ReportHeynsUN_Jul2013.pdf.

Campion, M.A., Medsker, G.J., and Higgs, A.C. (1993). Relations between work group characteristics and effectiveness: Implications for designing effective work groups. *Personnel Psychology*, 46, 823–50.

Cantor, J. (2004). I'll never have a clown in my house: Why movie horror lives on. *Poetics Today*, 25(2), 283–304.

Čapek, K. (2004). *R.U.R. (Rossum's Universal Robots).* (Novack-Jones, C., Trans.). New York: Penguin Classics. (Original work published 1920).

Carpenter, J. (2013). Just doesn't look right: Exploring the impact of humanoid robot integration into Explosive Ordnance Disposal teams. In R. Luppicini (ed.), *Handbook of Research on Technoself: Identity in a Technological Society*. Hershey, PA: Information Science Publishing, pp. 609–36. doi:10.4018/978-1-4666-2211-1.

Carpenter, J., Davis, J., Erwin-Stewart, N., Lee, T., Bransford, J., and Vye, N. (2008, October) *Invisible Machinery in Function, not Form: User Expectations of a Domestic Humanoid Robot*. Paper presented at the *proceedings of the 6th Conference on Design and Emotion*, Hong Kong, China.

Carpenter, J., Davis, J., Erwin-Stewart, N., Lee. T., Bransford, J., and Vye, N. (2009). Gender representation in humanoid robots for domestic use. *International Journal of Social Robotics (Special Issue, 1875-4791)*, 1(3), 261–5. doi 10.1007/s12369-009-0016-4.

Carpenter, J., Eliot, M., and Schultheis, D. (2006, June). *The Uncanny Valley: Making Human-nonhuman Distinctions*. Paper presented at the *proceedings of the 5th International Conference on Cognitive Science*, Vancouver, BC. Available at: http://csjarchive.cogsci.rpi.edu/proceedings/2006/iccs/p81.pdf.

Carroll, C. (2012, April 2). Robots go from desert to jungle in new Navy lab. *Stars and Stripes*. Retrieved http://www.stripes.com/blogs/stripes-central/stripes-central-1.8040/robots-go-from-desert-to-jungle-in-new-navy-lab-1.173386.

Carroll, N. (2001). *On the Narrative Connection*. New perspectives on narrative perspective. Ed. Willie van Peer and Seymour Chatman. Albany, NY: SUNY Press.

Carter, J. (2002, 10 December). Nobel Peace Prize 2002 [speech]. Oslo, Norway. Available at: http://www.nobelprize.org/nobel_prizes/peace/laureates/2002/carter-lecture.html.

Casper, J. and Murphy, R.R. (2003). Human-robot interactions during the robot-assisted urban search and rescue response at the World Trade Center. *IEEE Transactions on Systems Man and Cybernetics Part B-Cybernetics*, 33(3), 367–85. doi:10.1109/TSMCB.2003.811794.

Chandler, J. and Schwarz, N. (2010). Use does not wear ragged the fabric of friendship: Thinking of objects as alive makes people less willing to replace them. *Journal of Consumer Psychology*, 20(2), 138–45. doi: 10.1016/j.jcps.2009.12.008.

Chapelle, W., Salinas, A, and McDonald, K. (April, 2011). *Psychological Health Screening of Remotely Piloted Aircraft (RPA) Operators and Supporting Units*. USAF School of Aerospace Medicine Department of Neuropsychiatry. Ohio, U.S.: Wright-Patterson Air Force Base.

Charmaz, K. (1991). *Good Days, Bad Days: The Self in Chronic Illness and Time*. New Brunswick, NJ: Rutgers University Press.

Charmaz, K. (2000). *Grounded Theory: Objectivist and Constructivist Methods*. In N.K. Denzin and Y.S. Lincoln (eds), *Handbook of Qualitative Research* (2nd Edition, pp. 509–35). Thousand Oaks, CA: Sage.

Chatfield, J.A. (1995, June). *Force Feedback for Anthropomorphic Teleoperated Mechanism* (Master's thesis). United States Navy, Naval Postgraduate School: Monterey, CA.

Chen, J.C.Y. (1996). *Early Chinese Work in Natural Science: A Re-examination of the Physics of Motion, Acoustic, Astronomy, and Scientific Thought*. Hong Kong: Hong Kong University Press.

Choate, H. (2011). *EOD Marines Honor Fallen Comrades with Memorial Wall*. Available at: Defense Video & Imagery Distribution System website: http://www.dvidshub.net/news/66453.

Cohen, L., Manion, L., and Morrison, K. (2007). *Research Methods in Education* (6th ed.). New York: Routledge.

Cooper, J. (2011, August 10). Langley EOD: Serving at home and overseas. *U.S. Air Force News*. Available at: http://www.acc.af.mil/news/story.

Cullins, A. (2011, December 9). Advocates fight for classification of "four-footed soldiers." *Medill National Security Zone*. Available at: http://nationalsecurityzone.org/site/advocates-fight-for-reclassification-of-four-footed-soldiers/.

Darken, R., Kempster, K., and Peterson, B. (2001, October). *Effects of Streaming Video Quality of Service on Spatial Comprehension in a Reconnaissance Task*. Paper presented at the proceedings of the Meeting of I/ITSEC, St. Louis, MO.

DARPA. (n.d.). *ARM: Autonomous Robot Manipulation*. Available at: http://thearmrobot.com/.

DeCuir-Gunby, J., Marshall, P., and McCulloch, A. (2011). Developing and using a codebook for the analysis of interview data: An example from a professional development research project. *Field Methods*, 23(2), 136–55.

DeLillo, D. (1999). *Underworld*. London: Pan Macmillan.

DeYoung, D. (1983). *Mr. Roboto* [Styx]. On *Kilroy was here* [music]. Santa Monica, CA: A&M.

Dennen, R. (2011, September 16). Explosives school puts on display. *Fredericksburg.com*. Available at: http://fredericksburg.com/News/FLS/2011/092011/09162011.

Denzin, N.K. (1989). *The Research Act: A Theoretical Introduction to Sociological Methods* (3rd ed.). Englewood Cliffs, NJ: Prentice Hall.

Denzin, N.K. (2006). *Sociological Methods: A Sourcebook* (5th ed.). Piscataway, NJ: Transaction Publishers.

Department of Defense. (2006). *Urban Operations plus Explosive Ordnance Disposal Multiservice Procedures for EOD in a Joint Environment (FM-306)*. Washington, DC: Pentagon Publishing.

Dietz, S. (2014, July 12). *Meeting LS3: Marines Experiment with Military Robotics*. Defense Video and Imagery Distribution System (DVIDS). Available at: http://www.dvidshub.net/news/135952/meeting-ls3-marines-experiment-with-military-robotics.

Dirks, K.T. and Ferrin, D.L. (2001). The role of trust in organizational settings. *Organization Science*, 12(4), 450–67.

DiSalvo, C., Gemperle, F., Forlizzi, J., and Kiesler, S. (2002, June). *All Robots are not Created Equal: The Design and Perception of Humanoid Robot Heads*. Paper presented at the proceedings of DIS2002, London, UK. doi:10.1145/778712.778756.

Domegan, C. and Fleming, D. (2007). *Marketing Research in Ireland: Theory and Practice*. New York: Gill & MacMillan.

Doyle, S. (2007). Member checking with older women: A framework for negotiating meaning. *Health Care for Women International*, 8(10), 888–908.

Dreazen, Y.J. (2011, March 3). IED casualties up despite increased vigilance: Military's outgoing head of IED-combating task force says insurgents will continue to use the cheap, deadly weapons. *The National Journal*. Available at: http://www.nationaljournal.com/.

Duffelblog. (2013, October 26). *EOD Soldier Files Discrimination suit after Army Denies Marriage to his Robot*. Available at: http://www.duffelblog.com/2013/10/eod-soldier-files-discrimination-suit-army-denies-marriage-loved-robot/.

Duffy, B.R. (2000). *The Social Robot*. (Doctoral dissertation). Available at: WorldCat Dissertations and Theses.

Duffy, T.M. and Cunningham, D.J. (1996). Constructivism: Implications for the design and delivery of instruction. In D.H. Jonassen (ed.). *Handbook for Research in Educational Communications*. New York: MacMillan, pp. 170–99.

Dunn, M.W. (1995). *A Theory of Animate Perception*. (Doctoral dissertation). Available at: WorldCat Dissertations and Theses.

Dyess, B.G., Winstead, M. and Golson, E. (2011, March 31). *The Role of Unmanned Systems in the Army*. [PDF document]. Army Capabilities Information Center.

Edwards, L. (2010). *PETMAN robot to Closely Simulate Soldiers*. Available at: http://www.physorg.com/news191563032.html.

Eisenberg, J. (2007). Group cohesiveness. R.F. Baumeister and K.D. Vohs (eds), *Encyclopaedia of Social Psychology*. Thousand Oaks, CA: Sage, pp. 386–8.

EOD Ethos. (2013). (N.A.). United States Navy website. Available at: http://www.public.navy.mil/bupers-npc/officer/communitymanagers/Unrestricted/Documents/EOD%20Ethos.pdf.

EOD Memorial Foundation. (2009, December 1). *EOD Memorial Placement guidelines* [Memo]. Niceville, FL: Author.

EOD Memorial Foundation. (2011). *Scholarship*. Available at: http://www.eodmemorial.org/about/.

EOD Memorial Foundation. (n.d.). *About: History of the Memorial*. Available at: http://www.eodmemorial.org/about/.

Epley, N., Akalis, S., Waytz, A., and Cacioppo, J.T. (2008). Creating social connection through inferential reproduction: Loneliness and perceived agency in gadgets, gods, and greyhounds. *Psychological Science*, 19(2), 114–20. doi: 10.1111/j.1467-9280.2008.02056.x.

Epley, N., Waytz, A., Akalis, S., and Cacioppo, J.T. (2008). When we need a human: Motivational determinants of anthropomorphism. *Social Cognition*, 26(2), 143–55.

Ernest, P. (1998). *Social Constructivism as a Philosophy of Mathematics: Radical Constructivism*. Albany, NY: State University of New York Press.

Explosive Ordnance Disposal Group 1. (2013, January 18). In *Facebook* [U.S. Navy group]. Available at: https://www.facebook.com/EODGROUP1.

Everett, H.R., Pacis, E.B., Kogut, G., Farrington, N., and Khurana, S. (2004, October 26). *Towards a Warfighter's Associate: Eliminating the Operator Control Unit*. Proceedings of SPIE 5609: Mobile Robots XVII. Ft. Belvoir: Defense Technical Information Center. doi: 10.1117/12.571458.

Favre, D. (2010). *Living Property: A New Status for Animals within the Legal System*. Marquette Legal Review, 93, 1021–71.

Feigenbaum, E.A. and McCorduck, P. (1982). The fifth generation: Artifical intelligence and and Japan's computer challenge to the world. Reading, MA: Addison-Wesley.

Fiddian, P. (2012, July). *Smart Suit Could Boost Troop Performance*. Armed Forces International News. Available at: http://www.armedforces-int.com/news/smart-smart-could-boost-troop-performance.html.

Fincannon, T., Barnes, L., Murphy, R.R., and Riddle, D.L. (2004, September -October). *Talking and Gesturing to a Robot: Emergent Social Interaction in Rescue Robots*. Paper presented at the proceedings of the 2004 IEEE/ RSJ International Conference on Intelligent Robots and Systems (IROS), Piscataway, NJ.

Finkelstein, R. and Albus, J. (2003, May 13; revised 2004, November). *Technology Assessment of Autonomous Intelligent Bipedal and Other Legged Robots*. Arlington, VA: Defense Advanced Research Project Agency.

Fisher, A. (1988, September). Sweaty Manny. *Popular Science*, 233(3), 10. Available at: http://www.popsci.com/archive.

Flaherty, A. (2010, April 8). IEDs in Afghanistan double in past year. *Associated Press*. Available at: http://www.armytimes.com/news/.

Fong, T., Nourbakhsh, I. and Dautenhahn, K. (2003). A questionnaire of socially interactive robots. *Robotics and Autonomous Systems*, 42(3-4), 143–66.

Forsyth, D.R. (2010). Cohesion and development. In *Group Dynamics* (5th ed.). Wadsworth: Cengage Learning, pp. 116–42.

Fowler, F.J. (1988). *Survey Research Methods*. Beverly Hills, CA: Sage Publications.

Frankfort, H., Frankfort, H.A., Jacobsen, T. and W.A. Irwin. (1977). *The Intellectual Adventure of Ancient Man: An Essay on Speculative Thought in the Ancient Near East*. Chicago: University of Chicago Press.

Freud, S. (1990). The Uncanny. *The Penguin Freud Library Volume 14: Art and Literature*. (Trans. and ed. J. Strachey) London: Penguin. (Original work published 1919).

Fussell, S.R., Kiesler, S., Setlock, L.D., and Yew, V. (2008, March). *How People Anthropomorphize Robots*. Proceedings of Conference of Human-Robot Interaction HRI '08, Amsterdam, Netherlands. doi: 10.1145/1349822.1349842.

Garreau, J. (2007, May 6). 'Bots on the ground: In the field of battle (or even above it), robots are a soldier's best friend. *The Washington Post*. Available at: http://www.washingtonpost.com.

Geertz, C. (1973). The cerebral savage: On the work of Claude Lévi-Strauss. In *The Interpretation of Cultures: Selected Essays*. New York: Basic Books. Available at: Ann Arbor: University Microfilms International, p. 362.

Geertz, C. (1975). Thick description: Toward an interpretive Theory of Culture. *In The Interpretations of Cultures: Selected Essays*. London: Hutchinson, pp. 3–30.

Gergen, K.J. (1985). The social constructionist movement in modern psychology. *American Psychologist*, 40(3), 266–75.

Gibson, F.M. (2009, August 14). *US Navy EOD Experts Train Philippine Navy SEAL team*. Joint Special Operations Task Force: Philippines. Available at: http://jsotf-p.blogspot.com/2009/08/.

Gibson, W. (2005). *Pattern Recognition*. New York: Penguin.

Gilbert, G.R. and Beebe, M.K. (2010). *United States Department of Defense Research in Robotic Unmanned Systems for Combat Casualty Care*. U.S. Army Medical Research and Materiel Command Telemedicine and

Advanced Technology Research Center. Ft. Detrick, MD: Defense Technical Information Center.

Glaser, B.G. and Strauss, A.L. (1967). *Discovery of Grounded Theory: Strategies for Qualitative Research*. Chicago, IL: Aldine.

Godwin, W. (1876). *Lives of the Neuromancers: Or, an Account of the Most Eminent Persons in Successive Ages who have Claimed for Themselves or to whom has been Imputed by Others the Exercise of Magical Powers*. London: Chatto & Windus.

Goldeberg, L., Hashimato, R., Schneider, H., McNall, B., (Producers) and Badham, J. (Director). (1983). *War Games* [Motion picture]. USA; MGM/UA Entertainment.

Goldsmith, A.L. (1981). *The Golem Remembered 1909-1980: Variations of a Jewish Legend*. Detroit, MI: Wayne State University Press.

Gonzales, R.T. (2013, October 28). *Psychologists Propose Horrifying Solution to PTSD in Drone Operators. iO9*. Available at: http://io9.com/psychologists-propose-horrifying-solution-to-ptsd-in-dr-1453349900/all.

Goodwin, D., Pope, C., Mort, M., and Smith, A. (2003). Ethics and ethnography: An experiential account. *Qualitative Health Research*, 13, 567–77.

Gray, C.H. (1995). *The Cyborg Handbook*. New York: Routledge.

Gredler, M.E. (1997). *Learning and Instruction: Theory into Practice (3rd ed)*. Upper Saddle River, NJ: Prentice Hall.

Groom, V., Takayama, L., Ochi, P., and Nass, C. (2009, March). *I am my Robot: The Impact of Robot-building and Robot Form on Operators*. Paper presented at the proceedings of the 4th ACM/IEEE International Conference on Human Robot Interaction, La Jolla, CA. doi:10.1145/1514095.1514104.

Guizzo, E. (2010, October 18). *DARPA Seeking to Revolutionize Robotic Manipulation*. IEEE Spectrum InsideTechnology. Available at: http://spectrum.ieee.org/automaton/robotics/.

Hall, K. (2011, April 1). Army bomb disposal units train at Campbell. *Army News*. Available at: http://www.armytimes.com/news/2011/04/ap-army-bomb-disposal-units-compete-at-campbell-040111/.

Hamilton, H. (2004). *The Speckled People*. London: Harper Perennial.

Hancock, P.A., Billings, D.R., and Schaefer, K.E. (2011). Can you trust your robot? *Ergonomics in Design*, 19, 24–29.

Hapgood, F. (2008, June). When robots live among us. *Discover Magazine*. Available at: http://discovermagazine.com/2008/jun/27-when-robots-live-among-us.

Hartman, J.J. CAPT Stewart and Lucas [Photograph]. (2012). *Navy Sets Sail with Robotics Lab*. By Martin LaMonica, CNET. Available at: http://news.cnet.com/8301-11386_3-57408713-76/navy-sets-sail-with-robotics-lab/.

Hay, K. personal communication, October 2, 2013.

Heider, F. (1958). *The Psychology of Interpersonal Relations*. Hillsdale, NJ: Lawrence Erlbaum.

Heider, F. and Simmel, M. (1944). An experimental study of apparent behavior. *The American Journal of Psychology*, 243–59.

Henderson, Z. (1961). *Pilgrimage: The Book of the People*. New York: Avon Books.

Hinds, P.J., Roberts, T.L., and Jones, H. (2004). Whose job is it anyway?: A study of Human-Robot Interaction in a collaborative task. *Human-Computer Interaction*, 19, 151–81.

Hogan, J. and Hogan, R. (1989). Noncognitive predictors of performance during explosive ordnance disposal training. *Military Psychology*, 1, 117–33.

Human Rights Watch. (2012). *Ban 'Killer Robots' before it's too late: Fully Autonomous Weapons would Increase Danger to Civilians*. [Press release]. Available at: http://www.hrw.org/news/2012/11/19/ban-killer-robots-it-s-too-late.

Hurd, G.A. (Producer) and Cameron, J. (Director). (1984). *The Terminator (Special Edition)* [Motion picture]. United States: MGM.

Hurtado, R. (2014, 27 March). Marine finds strength in furry companion. *Military. com News*. Available at:: http://www.military.com/daily-news/2014/03/27/marine-finds-strength-in-furry-companion.html.

Hyginus, G.J. (1960). The myths of Hyginus. (M. Grant, Trans.). *Humanistic Studies, no. 34*. Lawrence, KS: University of Kansas Press. (Original work published c. 900).

iCasualties.org. (2011). *IED Fatalities*. Available at: http://icasualties.org/OEF/index.aspx.

Idaho National Laboratory. (1988). Manny [photograph]. Available at: https://inlportal.inl.gov/portal/server.pt/community/historical_perspectives/537.

Idel, M. (1990). *Golem: Jewish Magical and Mystical Traditions on the Artificial Anthropoid*. Albany, NY: State University of New York Press.

iRobot. (2013). 710 Warrior [photograph]. Available at: http://www.irobot.com/en/us/robots/defense/warrior/Details.aspx.

Janowitz, M. (1972). Characteristics of the military environment. In S.E. Ambrose and J.A. Barber (eds), *The Military and American Society: Essays and Reading*. New York: Free Press, pp. 166–72.

Jean, G.V. (2011, July). New robots planned for bomb disposal teams. *National Defense Magazine*. Available at: http://www.nationaldefensemagazine.org/archive/2011/July/Pages/NewRobotsPlannedforBombDisposalTeams.aspx.

JIEDDO. (2012a). *Counter-Improvised Explosive Device Plan: 2012-2016.* Available at: https://www.jieddo.mil/content/docs/20120116_JIEDDOC-IEDStrategicPlan_MEDprint.pdf.

JIEDDO. (2012b, August). *Global IED Monthly Summary Report*. Available at: http://info.publicintelligence.net/JIEDDO-MonthlyIEDs-AUG-2012.pdf.

Jiminez, J.S. (2011). RSP: The newsletter of the National EOD Association. *Commander's Message*, 1, 1.

Johns, J.H., Bickel, M.D., Blades, A.C., Creel, J.B., Gatling, W.S., Hinkle, J.M., and Stocks, S.E. (1984). *Cohesion in the U.S. Military*. Fort Lesley J. McNair,

Washington, DC: National Defense University Press. Available at: http://handle.dtic.mil/100.2/ADA140828.

Jones, H. and Hinds, P. (2002, November). *Extreme Work Teams: Using SWAT Teams as a Model for Coordinating Distributed Robots.* Paper presented at the proceedings of 2002 ACM Conference on Computer Supported Cooperative Work, New Orleans, LA. doi:10.1145/587078.587130.

Kambayashi, S. (June 18, 2015). Japanese firm prepares to sell line of childlike robots with 'emotional' responses. *The Orange County Register.* Available at: http://www.ocregister.com/articles/son-667376-robot-pepper.html.

Kane, G. (2014, May 8). Sargeant Stubby: America's original war dog fought bravely on the Western Front, then helped the nation forget the Great War's terrible human toll. *Slate Magazine.* Available at: http://www.slate.com/articles/news_and_politics/history/2014/05/dogs_of_war_sergeant_stubby_the_u_s_army_s_original_and_still_most_highly.single.html.

Komarow, S. (2005, October 25). Robots nail down the nuts and bolts of bomb disposal. *USAToday*, 10A. Available at: http://usatoday30.usatoday.com/tech/news/techinnovations/2005-10-24-robotwar_x.htm.

Kelly, M. and Johnson, R. (2012, August 15). This is what disarming bombs in the military is really like. *Business Insider.* Available at: http://www.businessinsider.com/an-eod-technician-explains-what-life-is-really-like-in-the-field-2012-8?op=1.

Kelsey, A. (2011, July 1). First Airmen graduate from new EOD screening course. *U.S. Air Force News.* Available at: http://www.af.mil/news/.

Kennedy, K., Spielberg, S., and Curtis, B. (Producers) and Spielberg, S. (Director). (2001). *AI* [Motion picture]. United States: Amblin Entertainment.

Kidd, C. and Breazeal, C. (2005, April). Human-robot interaction experiments: Lessons learned. *Proceedings of AISB 2005.* United Kingdom: University of Hertfordshire.

King, N. and Horrocks, C. (2010). *Interviews in Qualitative Research.* Thousand Oaks, CA: Sage.

Kirke, C. (January 01, 2009). Group cohesion, culture, and practice. *Armed Forces & Society*, 35(4), 745–53. doi: 10.1177/0095327X09332144.

Kokakaya, S. (2010, January). An educational dilemma: Are educational experiments working? *Education Research & Review.* Available at: http://www.academicjournals.org/err/PDF/Pdf%202011/Jan/Kocakaya.pdf.

Kolb, M. (2012). *Soldier and Robot Interaction in Combat Environments.* (Doctoral dissertation). Available from ProQuest Dissertations and Theses databse. (UMI No. 3524365). Available at: http://gradworks.umi.com/35/24/3524365.html.

Kukla, A. (2000). *Social Constructivism and the Philosophy of Science.* New York: Routledge.

Kurtz, G. (Producer), and Lucas, G. (Director). (1977). *Star Wars* [Motion picture]. United States: LucasFilm.

Kurzweil, R. (1999). *The Age of Spiritual Machines: When Computers Exceed Human Intelligence.* New York: Viking.

Lakoff, G. (1992). The contemporary theory of metaphor. In Ortony, A. (ed.), *Metaphor and Thought*, 2 ed. New York: Cambridge University Press.

Lamance, R. (2010). *Grandmother Graduates from Explosive Ordnance School.* U.S. Department of Defense. San Antonio, TX: Defense Media Acitivity. Available at: http://www.defense.gov/News/NewsArticle.aspx?ID=60811.

Larry, D.A. (2008). Bomb squads and EOD personnel: Interoperability for Homeland Defense. *Army Logistician*, 40(3). Available at: http://www.almc. army.mil/alog/issues/MayJun08/ bomb_eodpersonnel.html.

Lazarus, R.S. (1966). *Psychological Stress and the Coping Process.* New York: McGraw-Hill.

Lazarus, R.S. (1993). From psychological stress to the emotions: A history of changing outlooks. *Annual Review of Psychology*, 44, 1–21.

Lazarus, R.S. (2006). *Stress and Emotions: A New Synthesis.* New York: Springer Publishing Company.

Lazarus, R.S. and Folkman, S. (1984). *Stress, Appraisal, and Coping.* New York: Springer.-.

Lee, S.I., Kiesler, S., Lau, I.Y., and Chiu, C.Y. (2005). Human mental models of humanoid robots. *Proceedings*, 3, 2767–72.

LeRoy, M. (Producer) and Fleming, V. (Director). (1939). *The Wizard of Oz.* [motion picture]. USA: MGM.

Lewis, M., Wang, J., and Hughes, S. (2007). USARSim: Simulation for the study of Human-Robot Interaction. *Journal of Cognitive Engineering and Decision Making*, 1(1), 98–120.

Levy, D. (2007). *Love + Sex with Robots.* New York: HarperCollins.

Lin, P., Bekey, G. and Abney, K. (2008, December 20). *Autonomous Military Robotics: Risk, Ethics and Design.* U.S. Department of Navy, Office of Naval Research. San Luis Obispo, CA: California Polytechnic State University, San Luis Obispo.

Lincoln, Y.S. and Guba, E.G. (1985). *Naturalistic Inquiry.* Beverly Hills, CA: Sage.

Linebaugh, H. (2013, December 29). I worked on a US drone program: The public should know what really goes on. *The Guardian.* Available at: http://www. theguardian.com/commentisfree/2013/dec/29/drones-us-military.

Livingstone, D.W. (2001). *Adults' Informal Learning: Definitions, Finds, Gaps, and Future Research: New Approaches for Lifelong Learning* (NALL), Working paper # 21-2001, Toronto, Ontario, Canada.

Lowers, G. (2013, February 21).Quiet professional receives Purple Heart medal. *U.S. Army News.* Available at: http://www.army.mil/article/96947/.

Lumière, A. and Lumière, L. (Producers), Lumière, A. and Lumière, L. (Directors). 1896. *L'arrivée d'un train en gare de La Ciotat.* [Motion picture]. France: Société Lumière.

MacCoun, R.J. and Hix, W.M. (2010). Unit cohesion and military performance. In National Defense Institute (collective authorship), *Sexual Orientation and U.S. Military Policy: An Update of RAND's 1993 Study.* Santa Monica, CA.: RAND, pp. 137–65.

Magnuson, S. (2009, March). Humanoid soldiers: Reverse engineering the brain may accelerate robotics research. *National Defense*, 32–4.

Mark, G. (1997, November). *Merging Multiple Perspectives in Groupware Use: Intra- and Intergroup Conventions*. Paper presented at the proceedings of the International ACM SIGGROUP Conference on Supporting Group Work: The Integration Challenge, Phoenix, AZ. doi:10.1145/266838.266846.

Mark, L., Davis, J., Dow, T., and Godfrey, W. (Producers), and Proya, A. (Director). (2004). *I, Robot* [Motion picture]. USA: 20th Century Fox.

McCormick, T. (2014, January 24). *Foreign Policy*. Available at: http://foreignpolicy.com/2014/01/24/lethal-autonomy-a-short-history.

McCracken, G. (1988). *The long interview*. Newbury Park, CA: Sage.

McEntee, P. (1989, September 1). 'Manny' tests military garb: Robot's mission ensures protection for soldiers. *Schenectady Gazette*. Available at: http://news.google.com/newspapers?id=5GlGAAAAIBAJ&sjid=1ugMAAAAIBAJ&pg=983%2C19011.

McGrath, J.E. (1976). Stress and behavior in organizations. In M.D. Dunnette (ed.), *Handbook of Industrial and Organizational Psychology*. Chicago, IL: Rand McNally, pp. 1351–95.

McKinney, D. (2012). NRL designs robots for shipboard firefighting. Available at: http://www.nrl.navy.mil/media/news-releases/2012/nrl-designs-robot-for-shipboard-firefighting.

McMahon, M. (1997, December). Social constructivism and the World Wide Web: A paradigm for learning. *Proceedings of ASCILITE conference*, Perth, Australia.

Merriam, S.B. (1988). *Case Study Research in Education: A Qualitative Approach*. San Francisco, CA: Jossey-Bass Publishers.

Miles, M. and Huberman, M. (1994). *Qualitative Data Analysis: A Sourcebook of New Methods* (2nd ed.). Newbury Park, CA: Sage.

Millsaps, B.B. (2015, March 30). *Lithuanian Programmer 3D Prints Robotic Tank Replica from Sci-fi Movie 'Ghost in the Shell.'* 3dprint.com. Available at: http://3dprint.com/54671/ghost-in-the-shell-robot-tank/.

Mizuo, Y., Matsumoto, K., Iyadomi, K. and Ishikawa, M. (Producers) and Oshii, M. (Director). (1995). *Ghost in the Shell* [Motion picture]. Japan: Production I.G.

Mora, E. (2010, December 8). IEDs being used against stable governments worldwide, says top U.S. Military official. *CNSC News*. Available at: http://www.cnsnews.com/.

Mori, M. (2012). The Uncanny Valley. (K.F. MacDorman and N. Kageki, Trans.) *Energy*, 7(4), 33–5. (Original work published 1970).

Morris, J. (Producer) and Stanton, A. (Director). (2008). *Wall-E [Theatrical Release]* [Motion picture]. United States: Pixar Animation Studios.

MOS 89D: Explosive Ordnance Disposal Specialist. (n.d.) *U.S. Army Info*. Available at: http://www.us-army-info.com/pages/mos/ordnance/55d.html.

Muir, B.M. and Moray, N. (1996). Trust in automation. Part II. Experimental studies of trust and human intervention in a process control simulation. *Ergonomics*, 39(3), 429–60.

Murphy, R.R. (2000). *Introduction to AI Robotics*. Cambridge, MA : MIT Press.

Murphy, R.R. (2004). Human-robot interaction in rescue robotics. *IEEE Transactions on Systems, Man and Cybernetics: Part C–Applications and Reviews*, 34(2), 138–53. doi:10.1109/TSMCC.2004.826267.

Murphy, R.R. and Woods, D.D. (2009). Beyond Asimov: The three laws of responsible robotics. *Intelligent Systems, IEEE*, 24(4), 14–20.

Nass, C. and Moon, Y. (2000). Machines and mindlessness: Social responses to computers. *Journal of Social Issues*, 56(1), 81–103.

National EOD Association. (2012, July). *RSP: The Newsletter of the National EOD Association*. Available at: http://www.nateoda.org/PDF_Files/RSPJUL2012.pdf.

National Public Radio (Producer). (2012, November 30). *This American Life: (480) Animal Sacrifice*. [Interview transcript]. Available at: http://www.thisamericanlife.org/radio-archives/episode/480/animal-sacrifice.

National Research Council. (2002). *Making the Nation Safer: The Role of Science and Technology in Countering Terrorism*. Washington, DC: National Academy Press.

Naval Explosive Ordnance School. (2001). Available at: Eglin Air Force Base website: http://www.united-publishers.com/EglinGuide/units.html.

Naylor, J.C. and Dickenson, T.L. (1969). Task structure, work structure, and team performance. *Journal of Applied Psychology*, 53, 167–77.

Nerlich, B., Clarke, D.D. and Dingwall, R. (2008, March). Fictions, fantasies and fears: The literary foundations of the cloning debate. *Journal of Literary Semantics*, 30(1), 37–52. doi:10.1515/jlse.30.1.37.

Nieva, V.F., Fleishman, E.A., and Rieck, A. (1978). *Team Dimensions: Their Identity, their Measurement, and their Relationships (Technical Report, Contract No. DAHC19-78-C-0001)*. Washington, DC: Advanced Research Resources Organizations.

Nitsche, E. [Illustrator]. (July 28, 1935). *When Wars are Fought with Robot Soldiers.* San Antonio Light, p. 82. Retrieved from http://newspaperarchive.com/us/texas/san-antonio/san-antonio-light/1935/07-28/page-82.

Norman, D.A. (1988). *The Design of Everyday Things*. New York: Doubleday.

Norman, D.A. (2004). Emotional design: Why we love (or hate) everyday things. New York: Basic Books.

Norman, D.A. (2005, March 1). Robots in the home: What might they do? *Interactions*, 12(2), 65.

Osborn, K. (2010, October 28). Army building smarter robots. *Army News Service*. Available at: http://www.army.mil/article/47344/.

Ovid. (2009, November). *Metamorphoses.* (C. Martin, Trans.). New York: W.W. Norton & Company. (Original work published A.D. 8).

Owolabi, O. (2010, January 4). Airmen train Kyrgyz officials on EOD mission. *Air Force Print News Today.* Available at: http://www.af.mil/news/story. asp?id=123184049.

Palinscar, A.S. (1998). Social constructivist perspectives on learning and teaching. *Annual Review of Psychology*, 49(1), 345–75.

Palinscar, A.S. and Herrenkohl, L.R. (2002, Winter). Designing collaborative learning contexts. *Theory into Practice,* 41(1). doi:10.1207/ s15430421tip4101_5.

Pantozzi, J. (2012, May 10). *This Mechanical Engineer had a Bomb Disposal Robot as Ring-bearer at her Wedding.* The Mary Sue. Available at: http://www. themarysue.com/robot-ring-bearer/.

Patton, M.Q. (1990). *Qualitative Evaluation and Research Methods* (2nd ed.). Thousand Oaks, CA: Sage.

Power, M. (2013, October 23). *Confessions of a Drone Warrior.* GQ. Available at: http://www.gq.com/news-politics/big-issues/201311/drone-RPA-pilot-assassination.

Prawat, R.S. and Floden, R.E. (1994). Philosophical perspectives on constructivist views of learning. *Educational Psychologist*, 29(1), 37–48.

QinetiQ North America. [Photograph of TALON IV]. (2011). Available at: https:// www.facebook.com/qinetiqnarobots/photos_stream.

Rafaeli, A. and Vilnai-Yavetz, I. (2004). Emotion as a connection of physical artifacts and organizations. *Organization Science*, (15)6, 671–86. doi:10.1287/ orsc.1040.0083.

Reeves, B. and Nass, C. (1996). *The Media Equation: How People Treat Computers, Televisions, and New Media like Real People and Places.* Stanford, CA: Cambridge University Press.

Rempel, J.K., Holmes, J.G., and Zanna, M.P. (1985). Trust in close relationships. *Journal of Personality and Social Psychology*, 49(1), 95.

Riemer, C.F. (2008, May 22). *The Organizational Implications of the U.S. Army's Increasing Demand for Explosive Ordnance Disposal Capabilities.* [Monograph]. School of Advanced Military Studies, United States Army Command and General Staff College. Ft. Belvoir: Defense Technical Information Center. Available at: http://www.dtic.mil/dtic/tr/fulltext/u2/ a485658.pdf.

Rizzo, J. (2012, January 6). When a dog isn't a dog. *CNN.* Available at: http:// security.blogs.cnn.com/2012/01/06/when-a-dog-isnt-a-dog/.

Robillard, T.K. (2011, March 15). Picatinny advances EOD training with video game technology. *Army News Service.* Available at: http://www.army.mil/ article/53259/.

Robotic Systems Joint Project Addendum: Unmanned Ground Systems Roadmap. (2012, July). N.A. Available at: http://www.rsjpo.army.mil/images/UGS_ Roadmap_Addendum_Jul12.pdf.

Roderick, I. (2010). Considering the fetish value of EOD robots: How robots save lives and sell war. *International Journal of Cultural Studies*, 13(3), 235–53.

Rogoff, B. (1990). Apprenticeship in thinking: Cognitive development in social context. New York: Oxford University Press.

Rose, B. (2011, December 28). *The Sad Story of a Real Life R2-D2 who Saved Countless Human Lives and Died.* GIZMODO. Available at: http://gizmodo.com/5870529/.

Rosenman, M.S. and Gero, J.S. (1998). Purpose and function in design: From the socio-cultural to the techno-physical. *Design Studies*, 19(2), pp. 161–86.

Rosenthal-von der Pütten, A.M., Krämer, N.C., Hoffmann, L., Sobieraj, S., and Eimler, S.C. (2012). An experimental study on emotional reactions towards a robot. *International Journal of Social Robotics*, 1–18.

Ross, L.D. (1977). The intuitive psychologist and his shortcomings: Distortions in the attribution process. In L. Berkowitz (Ed.), *Advances in Experimental Social Psychology* (Vol. 10, pp. 173–220). New York: Academic Press.

Rousseau, D.M. and Cooke, R.A. (1988, August). *Cultures of High Reliability: Behavioral Norms Aboard a U.S. Aircraft Carrier.* Paper presented at the meeting of the Academy of Management, Anaheim, CA.

Ryle, G. (1968). The thinking of thoughts: What is Le Penseur doing? *University Lectures, 18.* University of Saskatchewan. Available at: http://lucy.ukc.ac.uk/CSACSIA/Vol14/Papers/ryle_1.html.

St. *Nicholas Magazine.* (1875, May). Unknown author. 2(7), pp. 448–49.

Sanchez, S. (2005, January 28). Command assesses robot to help save soldiers' lives. U.S. Department of Defense. Retrieved http://www.defense.gov/transformation/articles/2005-01/ta012505a.html.

Scandura, T.A. and Williams, E.A. (2000). Research methodology in management: Current practices, trends, and implications for future research. *Academy of Management Journal*, 43, 1248–64.

Scarborough, R. (2012, June 3).Delta Force: Army's "quiet professionals" operate in shadows – not in spotlight. *The Washington Times.* Available at: http://www.washingtontimes.com/news/2012/jun/3/.

Scholtz, J.C. (2002, March). Creating synergistic cyber forces. Alan C. Schultz and Lynne E. Parker (eds), Multi-Robot Systems: From Swarms to Intelligent Automata. *Proceedings of 2002 NRL Workshop on Multi-Robot Systems*, Washington, DC: Kluwer Academic Publishers, pp. 177–84.

Scholtz, J. (2003, January). Theory and evaluation of human-robot interactions. *Proceedings of 2003 International Workshop Hawaii International Conference on System Science* (HICSS), Waikoloa, HI.

Scholtz, J., Young, J.L., Drury, J., and Yanco, H.A. (2004). Evaluation of human-robot interaction awareness in search and rescue. Paper presented at the *International Conference on Robotics and Automation (ICRA)*. April 26-May 1, New Orleans, LA.

Schott, C. (2011). *A National Day for EOD.* U.S. Air Force. Available at: http://www.barksdale.af.mil/.

Schultze, U. and Leahy, M.M. (2009). The avatar self relationship: Enacting presence in Second Life. International Conference on Information Systems

(ICIS). *ICIS 2009 Proceedings*, Paper 12. Available at: http://aisel.aisnet.org/icis2009/12.

Schunk, D.H. (2000). *Learning Theories: An Educational Perspective*. Upper Saddle River, NJ: Prentice Hall.

Scott, R. (Director). (1982). *Blade Runner* (Five-Disc Complete Collector's Edition). [Motion picture]. United States: Warner Brothers.

Sesana, L. (2013, January 10). *Military Working Dogs have Long History of Heroism*. The Washington Times Communities. Available at: http://communities.washingtontimes.com/neighborhood/world-our-backyard/2013/jan/11/military-working-dogs-today/.

Shaker, S.M. (2011, July 11). Robot race to the moon. *COSMOS Magazine Online*. Available at: http://www.cosmosmagazine.com.

Shelley, M.W. (1998). *Frankenstein: Or, the Modern Prometheus: The 1818 Text* (World's Classics). Oxford: Oxford University Press.

Siebold, G. (2007). The essence of military group cohesion. *Peace Research Abstracts Journal*, 44(2), 286.

Silverstein, J. (2010, December 20). *Able to Rescue Wounded Soldiers and Aid the Elderly and Infirm, Robots Come of Age*. ABC News. Available at: http://abcnews.go.com/Technology/story?id=2740699&page=1.

Silverstein, S. (1996). My robot. In *Falling up*. New York: Harper Collins.

Singer, P.W. (2009). *Wired for War: The Robotics Revolution and Conflict in the 21st Century*. New York: Penguin Books.

Singer, P.W. (2010). How the U.S. Military can win the robot revolution. *Popular Mechanics*. Available at: http://www.popularmechanics.com/technology/robots/how-to-win-military-revolution.

Slagle, M. (2007, September 12). *Company Present a Boyish Robot*. The Washington Post. Available at: http://www.washingtonpost.com/wp-dyn/content/article/2007/09/12/AR2007091201969_pf.html.

Spencer, E.H. (2011, July-August). Raising Army EOD entry requirements. *Army Sustainment*, 43(4), PB-700-11-04. Available at: http://www.almc.army.mil/alog/issues/JulAug11/.

Staal, M.A. (2004). *Stress, Cognition, and Human Performance: A Literature Review and Conceptual Framework*. NASA/TM–2004–212824. Moffett Field, CA: NASA/Ames Research Center.

Stebbins, R.A. (2001). *Exploratory research in the social sciences*. Thousand Oaks, CA: Sage.

Stefanovich, J. (2002, July-August). Operation Enduring Freedom: EOD Operations. *News from the Front*. Ft. Leavenworth, KS: Center for Army Lessons Learned.

Steiner, I.D. (1972). *Group Process and Productivity*. New York: Academic Press.

Stewart, G.L., and Barrick, M.R. (2000). Team structure and performance: Assessing the mediating role of intrateam process and the moderating role of task type. *Academy of Management Journal*, 43(2), 135–48.

Stokes, A.F. and Kite, K. (2001). On grasping a nettle and becoming emotional. In P.A. Hancock, and P.A. Desmond (eds), *Stress, Workload, and Fatigue.* Mahwah, NJ: L. Erlbaum.

Straube, T., Preissler, S., Lipka, J., Hewig, J., Mentzel, H.J., and Miltner, W.H. (2010). Neural representation of anxiety and personality during exposure to anxiety-provoking and neutral scenes from scary movies. *Human Brain Mapping*, 31(1), 36–47.

Strauss, A. and Corbin, J. (1990). *Basics of Qualitative Research: Grounded Theory Procedures and Techniques.* Newbury Park, CA: Sage.

Strong, J.S. (1994). *The Legend and Cult of Upagupta: Sanskrit Buddhism in North India and Southeast Asia.* New Delhi: Motilal Banarsidass.

Suciu, P. (2013, April 8). Pentagon's Terminator-like robot to test military gear. *RedOrbit.* Available at: http://www.redorbit.com/news/technology/1112818232/humanoid-robot-boston-dynamics-040813/.

Sundstrom, E. and Altman, I. (1989). Physical environments and work group effectiveness. In L. Cummings and B. Staw (eds), *Research in Organizational Behavior*, 11, 175–209. Philadelphia, PA: Elsevier.

Sundstrom, E., De Meuse, K.P., and Futrell, D. (1990). Work teams: Applications and effectiveness. *American Psychologist*, 45(2), 120–33. doi:10.1037/0003-066X.45.2.120.

Sung, J.Y., Guo, L., Grinter, R.E., and Christensen, H.I. (2007). "My Roomba is Rambo": Intimate home appliances. In J. Krumm et al., (eds) *Proceedings of Ubicomp 2007*, LNCS 4717, 145–62. Berlin: Springer.

Svan, J. (2008, June 1). Bomb disposal: Same job, different pay. *Stars and Stripes.* Available at: http://www.stripes.com/news/.

Talton, T. (2008, June 20). Corps seeks to end EOD technician shortage. *Marine Corps Times.* Available at: http://www.marinecorpstimes.com/news/2008/06.

Trumbull, D. (Director) (1972). *Silent Running* [Film]. In M. Gruskoff (Producer). USA: Universal Studios.

UN News Centre. (2013). *UN Human Rights Expert Urges Global Pause in Creation of Robots with 'Power to Kill'* [Press release]. Available at: http://www.un.org/apps/news/story.asp?NewsID=45042.

UNAMA. (2012). *UNAMA Condemns Civilian Casualties Caused by Illegal Pressure Plate IED and Urges Anti-government Elements to Cease their Use.* [Press release]. Available at: http://unama.unmissions.org.

U.S. Army (n.d.). *Soldier Life: Basic Combat Training.* Available at: http://www.goarmy.com/soldier-life/becoming-a-soldier/basic-combat-training.html.

U.S. Army (n.d.). *Careers and Jobs: Unmanned Aerial Vehicle Operator (15W).* Available at: http://www.goarmy.com/careers-and-jobs/browse-career-and-job-categories/transportation-and-aviation/unmanned-aerial-vehicle-operator.html.

U.S. Army (1997). *Ordnance Corps Vision: America's Army of the 21st century.* Aberdeen Proving Ground, MD: U.S. Army Ordnance Center and School.

U.S. Army (2001, June 14). *Department of the Army Publication FM 3-0.* Washington, D.C.

U.S. Army (Producer) (2010). *Inside look at 89 D–Explosive Ordinance Disposal (EOD) Specialist*. [Recruitment video]. United States: U.S. Army. Available at: https://youtu.be/hNQP4UU0EKo.

Vowell, M. (2013, March 28). EOD tech excels in stressful job. *Fort Campbell Courier*. Available at: http://www.fortcampbellcourier.com/news/.

Walker, L. (2015, March 8). Japan's robot dogs get funerals as Sony looks away. *Newsweek*. Retrived from http://www.newsweek.com/japans-robot-dogs-get-funerals-sony-looks-away-312192.

Webster, A. (2012, April 3). Navy robot training center simulates life in the desert and jungle. *TheVerge*. Retrieved http://www.theverge.com/2012/4/3/2922157/nrl-navy-robot-training-center.

Wilson, C.C. (1994). Commentary: A conceptual framework for human-animal interaction research: The challenge revisited. *Anthrozoös*, 7(1), 4–24.

Wilson, C. (2007, November 21). *Improvised Explosive Devices (IEDs) in Iraq and Afghanistan: Effects and Countermeasures*. CRS Report for Congress.

Wong, L., Kolditz, T., Millen, R., and Potter, T. (2003). *Why they Fight: Combat motivation in the Iraq War*. Carlisle, PA: Strategic Studies Institute.

Woods, D.D., Tittle, J., Feil, M., and Roesler, A. (2004, May 1). Envisioning human-robot coordination in future operations. *Proceedings of IEEE Transactions on Systems, Man and Cybernetics: Part C--Applications and Reviews*, 34(2), 210–18. doi:10.1109/TSMCC.2004.826272.

Valentin, E.A. (2011, February 3). Iraqi police improve IED skills. *On Patrol: The Magazine of the USO*. Available at: http://usoonpatrol.org/archives/2011/02/03/.

Veruggio, G. (2006, December 4–6). Euron Robotethics roadmap. *2006 6th IEEE-RAS Conference on Humanoid Robots*, 2, 612–17. doi:10.1109/ICHR.2006.321337.

Viskovatoff, A. (1999). Foundations of Niklas Luhmann's Theory of Social Systems. *Philosophy of the Social Sciences*, 29(4). doi: 10.1177/004839319902900402.

von Bertalanffy, L. (1968). *General Systems Theory*. New York: G. Braziller.

Vygotsky, L.S. (1986). *Thought and Language*. In A Kozulin (Trans. and Ed.) Ed. Cambridge, MA: MIT Press.

Yanco, H.A. and Drury, J. (2004). Classifying human-robot interaction: an updated taxonomy. *Proceedings of Systems, Man and Cybernetics, 2004 IEEE International Conference*, 3, 2841–6. New York: IEEE.

Yarbrough, B. (2008, February 1). Brotherhood of the bomb, Explosive Ordnance Disposal units: The Army's emergency responders. *Hesperia Star*. Retrieved http://www.hesperiastar.com/news/eod-1521-afghanistan-simeroth.html.

Yoon-Mi, K. (2007, April 29). Korea drafts robot ethics charter. *The Korea Herald*. Available at: www.koreaherald.co.kr.

Yost, P. (1989, October 10). "Manny" walks, talks—but robot can't run: Army mechanical man has key role in chemical warfare test program. *The Washington Post*. Available at: http://articles.latimes.com/1989-10-08.